物联网技术实训

苏庆华　　袁瑞萍　　薛　菲　　李俊韬　著

中国财富出版社

图书在版编目（CIP）数据

物联网技术实训／苏庆华等著.—北京：中国财富出版社，2019.6

ISBN 978-7-5047-6961-9

Ⅰ.①物… Ⅱ.①苏… Ⅲ.①互联网络—应用—高等学校—教材 ②智能技术—应用—高等学校—教材 Ⅳ.①TP393.4 ②TP18

中国版本图书馆 CIP 数据核字（2019）第 122609 号

策划编辑 晏　青	责任编辑 邢有涛 晏　青		
责任印制 尚立业	责任校对 杨小静	责任发行 敬　东	

出版发行	中国财富出版社		
社　　址	北京市丰台区南四环西路 188 号 5 区20 楼	邮政编码	100070
电　　话	010-52227588 转 2098（发行部）	010-52227588 转 321（总编室）	
	010-52227588 转 100（读者服务部）	010-52227588 转 305（质检部）	
网　　址	http://www.cfpress.com.cn		
经　　销	新华书店		
印　　刷	北京京都六环印刷厂		
书　　号	ISBN 978-7-5047-6961-9/TP·0108		
开　　本	787mm×1092mm　1/16	版　次	2020 年 1 月第 1 版
印　　张	12.5	印　次	2020 年 1 月第 1 次印刷
字　　数	230 千字	定　价	48.00 元

前　言

随着近场通信技术，如 RFID（射频识别）、蓝牙、ZigBee（一种短距离、低功耗的无线通信技术）等的发展，RFID、二维码等各种现代识别技术也得到推广应用；在摩尔定律的推动下，芯片体积不断缩小，功能却更加强大；传感器信息获取技术已经从单一化渐渐趋向集成化、微型化和网络化；随着云计算技术的不断发展与成熟，海量数据的处理问题也将得到解决。物品自身的网络与人的网络相连通已经成为大势所趋。

本书在撰写过程中秉持科学严谨、系统实用的原则，并辅以大量图例以便读者理解。通过本书的介绍，读者不仅会对物联网技术有一个清晰的认识，还会对制造业中的有关物联网技术的应用有所了解。

本书共 10 章，内容由三大部分组成。第一部分是物联网及物联网实训内容，在对物联网介绍的基础上，介绍了物联网实训硬件和软件平台。第二部分针对实训平台中的每个实训模块进行详细描述，具体包括条码模块、RFID 模块、ZigBee 技术模块、3G（第三代移动通信技术）模块。第三部分为应用篇，该部分通过两个物联网的应用实例，对物联网中的技术需求进行了描述。

本书对于物联网技术的从业者和相关专业的大学生，具有较高的实践参考价值；对正在钻研、开发各种技术在制造业中应用的技术人员，具有借鉴意义。

本书得到了智能物流系统北京市重点实验室建设项目、北京市智能物流系统协同创新中心资助，在此表示感谢。

由于作者水平有限，书中难免有不完善之处，欢迎读者对本书提出批评与建议。

作　者
2019 年 2 月

目　录

1 物联网及物联网实训

物联网作为当前我国发展战略部署的一个重点其实并不年轻，近十年的发展历程中，不同的国家、机构组织，在不同时期，都在关注着物联网。物联网（The Internet of Things）被看作是信息领域的一次变革，其广泛应用将在未来 5～15 年中为解决现代社会问题作出极大贡献。2009 年以来，美国、欧盟、日本等纷纷出台物联网发展计划，进行相关技术和产业的前瞻布局，我国"十三五"规划中也将物联网作为战略性新兴产业予以重点关注和推进。但整体而言，无论是国内还是国外，物联网的研究和开发都还处于起步阶段。

1.1 物联网定义

物联网，是新一代信息技术的重要组成，是建立在计算机、网络通信技术平台等各种技术基础之上的一类技术。它强调通过各种信息传感设备，如传感器、射频识别（RFID）技术、全球定位系统、红外感应器、激光扫描器、气体感应器等各种装置，与互联网连接，实时地采集任何需要监控、连接、互动的物体或过程，形成一个巨大的网络。目的是实现物与物、物与人、物与网络的连接，方便识别、管理和控制。其核心和基础仍然是互联网，是在互联网基础上的延伸和扩展，用户端则延伸和扩展到了任何物与物之间，以进行信息的交换和通信。

物联网的确切定义目前争议很大，仍没有被各界广泛接受的定义。各个国家和地区对物联网有着自己的定义。

（1）美国对物联网的定义：将各种传感设备，如射频识别设备、红外传感设备、全球定位系统等与互联网结合起来而形成的一个巨大的网络，其目的是让所有的物品均与网络连接在一起，方便识别和管理。

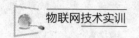

（2）欧盟对物联网的定义：将现有互联的计算机网络扩展到互联的物品网络。

（3）国际电信联盟对物联网的定义：任何时间、任何地点，我们都能与任何东西相连。

（4）我国对物联网的定义：通过各种信息传感设备及系统、条码与二维码、全球定位系统，按照约定的通信协议，把任何物品与互联网连接起来，通过各种接入网、互联网进行信息交换和通信，以实现智能化识别、定位、跟踪、监控和管理的一种信息网络。为了更好地了解物联网，本书给出了物联网的概念模型，如图 1-1 所示。

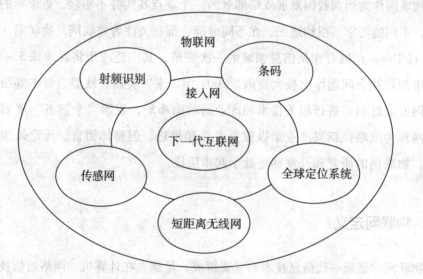

图 1-1 物联网概念模型

通过物联网的定义，可以从技术和应用两个方面来对它进行理解。

（1）技术理解：物联网是物体的信息利用感应装置，经过传输网络，到达指定的信息处理中心，最终实现物与物、人与物的自动化信息交互与处理的智能网络。

（2）应用理解：物联网是把世界上所有的物体都连接到一个网络中，形成"物联网"，然后又与现有的互联网相连，实现人类社会与物体系统的整合，使用更加精细和动态的方式去管理。

从物联网产生的背景及物联网的定义中我们可以大概地总结出物联网的几个特征。

（1）全面感知：利用 RFID（射频识别）、二维码、传感器等随时随地获取物体的信息。

（2）可靠传递：通过无线网络与互联网的融合将物体信息实时准确地传递给用户。

（3）智能处理：利用云计算、数据挖掘以及模糊识别等人工智能，对海量的数据和信息进行分析和处理，对物体实施智能化控制。

1.2 物联网技术架构

物联网所使用的技术总体上可以分为感知技术、网络技术和应用技术三类，其中感知技术是指通过多种传感器、RFID、二维码、定位、地理识别系统、多媒体信息等数据采集技术，实现外部世界信息的感知和识别；网络技术是指通过广泛的互联功能，实现感知信息高可靠性、高安全性地进行传送，包括各种有线和无线传输技术、交换技术、组网技术、网关技术等；应用技术是指通过应用中间件提供跨行业、跨应用、跨系统之间的信息协同及共享和互通的功能，包括数据存储、并行计算、数据挖掘、平台服务、信息呈现、服务体系架构、软件和算法技术等。

从技术架构上来看，物联网可分为三层：感知层、网络层和应用层。如图 1-2 所示。

感知层是物联网发展和应用的基础，由各种传感器以及传感器网关构成。其中包括二氧化碳浓度传感器、温度传感器、湿度传感器、RFID 标签和读写器、摄像头、GPS（全球定位系统）等感知终端。感知层相当于人的眼耳鼻喉和皮肤等神经末梢，它是物联网识别物体、采集信息的来源，其主要功能是识别物体、采集信息。在这一层，材料、工艺是困扰各项技术发展的重要瓶颈，特别是高精度、高灵敏度或专业性的传感器的制造。当然，感知层也包括控制器和执行器，尤其是在面对工业应用时，要求其具有极高的实时性、可靠性和安全性。

网络层由各种私有网络、互联网、有线和无线通信网、网络管理系统和云计算平台等组成，相当于人的神经中枢和大脑，负责传递和处理感知层获取的信息，同时完成感知层和应用层之间的通信。在互联网方面，已经从 IPv4 逐步过渡到 IPv6 网络，开始进入后 IP（互联网协议）时代，而对这一新型网络的研究也成为竞争激烈的一个领域。通信网络是物联网信息传递和服务支撑的重要基础，通信技术、频

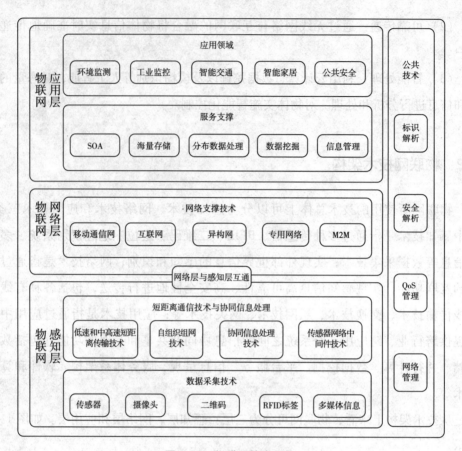

图 1-2　物联网技术架构

注：SOA 指面向服务的架构；M2M 指数据从一台终端传送到另一台终端；QoS 指服务质量。

管技术、异种异构网络融合技术都是其中的研究热点。

　　应用层由各种应用服务器组成（包括数据库服务器），与行业需求相结合，包含各种不同业务或服务所需要的应用处理系统。利用传递的信息进行处理、分析并执行不同的业务，再将处理的信息反馈给传感器进行更新。其中，海量感知信息的计算和处理是核心支撑，对于该问题的解决目前主要依靠云计算技术。

1.3　物联网发展现状

　　物联网的实践最早可以追溯到 1990 年施乐公司的网络可乐贩售机——Networked Coke Machine。1991 年，美国麻省理工学院（MIT）的 Kevin Ashton（凯文·艾什顿）教授首次提出物联网的概念。1995 年，比尔·盖茨在《未来之路》一书中也曾提及物联网，但未引起广泛重视。1999 年，美国麻省理工学院建立了"自动识别中心（Auto－ID）"，提出"万物皆可通过网络互联"，阐明了物联网的基本含义。早期的物联网是依托射频识别（RFID）技术的物流网络，随着技术和应用的发展，物联网的内涵已经发生了较大变化。2003 年，美国《技术评论》提出传感网络技术将是未来改变人们生活的十大技术之首。2004 年，日本总务省（MIC）提出 U－Japan 计划，该计划力求实现人与人、物与物、人与物之间的连接，希望将日本建设成一个随时、随地、任何物体、任何人均可连接的泛在网络社会。2005 年 11 月 17 日，在突尼斯举行的信息社会世界峰会（WSIS）上，国际电信联盟（ITU）发布《ITU 互联网报告 2005：物联网》，引用了"物联网"的概念。物联网的定义和范围已经发生了变化，覆盖范围有了较大的拓展，不再只是指基于 RFID 技术的物联网。2006 年，韩国确立了 U－Korea 计划，该计划旨在建立无所不在的网络社会（Ubiquitous Society），在民众的生活环境里建设智能型网络（如 IPv6、BcN、USN）和各种新型应用（如 DMB、Telematics、RFID），让民众可以随时随地享受科技智慧服务。2009 年，韩国通信委员会出台了《物联网基础设施构建基本规划》，将物联网确定为新增长动力，提出到 2012 年实现"通过构建世界最先进的物联网基础设施，打造未来广阔通信融合领域超一流信息通信技术强国"的目标。2009 年，欧盟执委会发表了欧洲物联网行动计划，描绘了物联网技术的应用前景，提出欧盟政府要加强对物联网的管理，促进物联网的发展。2009 年 8 月，时任国务院总理温家宝关于"感知中国"的讲话把我国物联网领域的研究和应用开发推向了高潮，无锡市率先建立了"感知中国"研究中心，中国科学院、运营商、多所大学在无锡建立了物联网研究院。自提出"感知中国"以来，物联网被正式列为国家五大新兴战略性产业之一，写入"政府工作报告"，物联网在中国受到了全社会极大的关注，其受关注程度是在美国、欧盟以及其他各国不可比拟的。

物联网的概念已经是一个"中国制造"的概念，它的覆盖范围与时俱进，已经超越了 1999 年 Ashton（阿什顿）教授和 2005 年 ITU 报告所指的范围，物联网已被贴上"中国式"标签。自 2010 年开始，各部委会同有关部门，在新一代信息技术方面开展研究，以形成支持新一代信息技术的一系列新政策措施，从而推动我国经济的发展。

2010 年，国务院发表文件《国务院关于加快培育和发展战略性新兴产业的决定》，物联网作为重点领域与新业态被写入其中；同年，《中共中央关于制定国民经济和社会发展第十二个五年规划的建议》提出推进物联网研发应用。这两份文件的发表使得物联网得到快速发展。工业和信息化部电信研究院（简称工信部）在 2011 年《物联网白皮书》中提出物联网发展的概念、内涵、架构及技术体系等关键要素。2013 年，国务院发布《关于推进物联网有序健康发展的指导意见》，该意见从指导思想、基本原则和发展目标以及主要任务方面对物联网的发展提出指导意见；并且国家发展和改革委员会印发《物联网发展专项行动计划（2013—2015 年)》，计划包含了顶层设计、标准制定、技术研发、应用推广、产业支撑、商业模式、安全保障、政府扶持、法律法规、人才培养 10 个专项行动计划，明确了物联网发展的方向。2014 年，工信部根据《关于推进物联网有序健康发展的指导意见》，启动物联网发展专项计划资金支持项目，共计 101 个企业项目，在一定程度上促进了物联网的发展。

当前，我国物联网已初步形成了完整的产业体系，具备了一定的技术、产业和应用基础，发展态势良好（如图 1 - 3 所示）。2012 年，我国物联网市场规模达到 3650 亿元，较上年增长 38.8%；2014 年我国物联网产业规模超过 6000 亿元，同比增长 26.4%；2015 年产业规模达到 7500 亿元，同比增长 18.7%。根据中国物联网研究发展中心预测：2020 年，中国物联网的整体规模将超过 2 万亿元。

图 1 - 3 我国物联网产业市场规模

随着物联网相关技术的发展与成熟，物联网技术已经广泛应用于很多行业，如交通、生产物流、公共安全、医疗卫生以及旅游等各行各业，如图 1 - 4 所示。物联网技术的发展给我们的生活带来了很多方便，虽然目前还处于初级发展阶段，但是未来社会的发展离不开物联网技术。

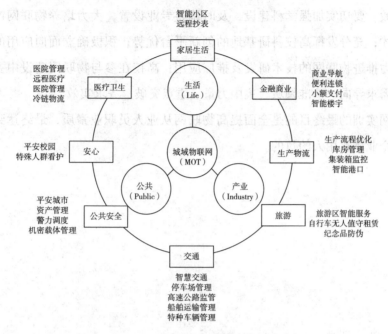

图1-4 物联网应用实例示意

从物联网在我国的发展和应用来看，我国政府对物联网非常重视，各界对物联网都非常关注，但是其发展仍然存在很多不足：①顶层设计及统筹规划缺乏；②缺少标准规范；③核心关键技术缺位；④大规模产业化应用不足；⑤缺乏成熟商业模式；⑥产业链构成不完善。

针对以上不足，我国物联网在发展时应该注意以下几点：①加强规划引导和加快标准化建设；②完善物联网产业链，做大做强物联网企业；③建设物联网产业基地，加快实施应用示范工程；④加大物联网产业资金支持力度；⑤加强物联网产业领域人才引进与培养工作。

1.4 物联网实训

由于物联网涉及范围较广，所以通过对各种关键技术的实践及实验即物联网实训，来使对物联网感兴趣的人更好地了解和认识物联网，这是人们认识了解物联网的一种有效的手段，也是培养物联网产业人才时常用的一种有效方式。

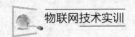

物联网技术的发展对人才的培养提出了更高要求，要求培养符合新时期要求的新型人才。应该抓住物联网建设的重大历史机遇，早学习、早认识、早研究、早部署、早见效。要切实加强学科建设，及时调整专业设置，大力培养物联网产业发展急需的人才；充分发挥高校科研基地的创新平台优势；积极确立面向应用的研发新模式，大力推进物联网的技术研发及推广应用；高校在参与物联网建设中要做到总体规划、需求导向、选准领域、集中力量、重点突破、务求实效。

物联网实训的最终目的是全面提高物联网从业人员职业素质，最终达到学生满意就业、企业满意用人的目的。

2 物联网实训平台

物联网的实训平台包括硬件和软件两部分。其涵盖的技术包括：条码、LFRFID（低频 RFID）、HFRFID（高频 RFID）、UHFRFID（超高频 RFID）、ZigBee、GPRS/GSM（通用分组无线服务技术/全球移动通信系统）及 GPS 等物流信息技术。平台整体硬件使用电路板进行集成，与上位机通过串口连接，通过上位机软件进行控制，实现设定功能，直观展现常用物流信息技术的工作原理及应用方式，且该平台搭载一台装有安卓（Android）系统软件的平板电脑，可以进行相应的 Android 系统开发。物联网技术实训平台由以下九大部分组成：PCB（印制电路板）底板、Android 系统平板、条码模块、LFRFID 模块、HFRFID 模块、UHFRFID 模块、ZigBee 模块、GPRS/GSM 模块、GPS/BD（GPS/北斗）模块。各技术模块与底板可自由插拔组合，完成不同的实验内容，极大地提高了平台的应用范围与便利性，同时可以组合各个模块对物联网中的典型应用进行实训。物联网技术实训平台内嵌于 400mm × 280mm 的试验箱中，其整体结构如图 2 - 1 所示，物联网技术实训平台实验箱如图 2 - 2 所示。

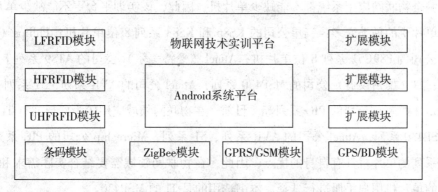

图 2 - 1　物联网技术实训平台整体结构

9

图2-2 物联网技术实训平台实验箱

2.1 实训平台硬件

2.1.1 单片机

单片机是采用超大规模集成电路技术把具有数据处理能力的中央处理器（CPU）、随机存储器（RAM）、只读存储器（ROM）、多种 I/O 口和中断系统、定时器/计数器等（可能还包括显示驱动电路、脉宽调制电路、模拟多路转换器、A/D转换器等电路）集成到一块硅片上构成的一个小而完善的微型计算机系统。

单片机渗透到我们生活的各个领域，几乎很难找到哪个领域没有单片机的踪迹，任何一个物联网应用系统都不能缺少单片机，因此，该实训平台更不能缺少单片机。但是单片机的种类繁多：三星公司的 KS86 和 KS88 系列 8 位单片机；Philips（飞利浦）公司的 P89C51 系列 8 位单片机；Atmel（爱特美尔）公司的 AT89 系列 8 位单片机；TI（德州仪器）公司的 MSP430 系列；Atmel 公司的 AVR 系列、51 系列；Microchip（微芯）公司的 PIC 系列等。目前，在物联网领域应用较为广泛的有 TI 公司的 MSP430 系列，Atmel 公司的 AVR 系列、51 系列，Microchip 公司的 PIC 系列等。不同系列的单片机都有自身的优点，因此，在物联网领域需要结合实际需求和不同厂家的单片机用户手册进行选择。本书选用的是 TI 的 MSP430。

2.1.2 电路图

我们通常所说的电路图指电路原理图，广义的电路图概念还包括方框图和印刷电路板图。电路图是关于电路的图纸，由各种符号和线条按照一定的规则组合而成，反映了电路的结构和工作原理。

电路原理图是一种反映电子设备中各电器连接情况的图纸。电路原理图由各种符号和字符组成，通过电路原理图，既可以详细地了解电子设备的电路结构、工作原理和接线方法，还可以进行定量的计算分析和研究。物联网中每一个智能感知单元都是由最原始的电路原理图设计得到。电路原理图是物联网技术实训平台硬件制作和维修的重要依据。图 2-3 为某一触摸式台灯的电路原理图。

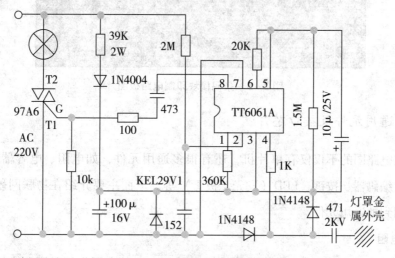

图 2-3 触摸式台灯电路原理图

方框图是一种概述反映电子设备的电路结构和功能的图纸，由方框、线条和说明文字组成，简明地反映出电子设备的电路结构和电路功能，有助于从整体了解和研究电路原理。图 2-4 为某一红外感知设备原理方框图。

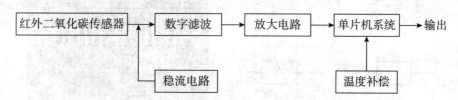

图 2-4 红外感知设备原理方框图

印制电路板图是一种反映电路板上元件安装位置和布线结构的图纸。印制板电路图由写实性的印制电路板线路、相应位置的元件符号和注释性字符组成。图2-5为物联网技术实训平台中条码模块印制电路板图。印制电路板图是根据实际电路原理图绘制而成的实际安装图，标明了各元件在电路板上的安装位置。印制电路板图为硬件电路的实际制作和维修提供了极大的方便。

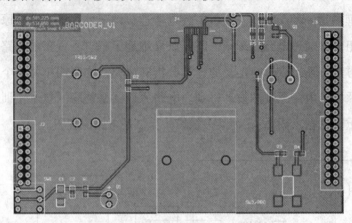

图2-5　条码模块印制电路板图

2.1.3　通用元件及接口芯片

组成电路图的不仅仅有单片机，还有很多通用元件，如电阻、电容器、电感、计数器、编码器、按键、LED（发光二极管）等。下面主要介绍在物联网硬件开发过程中用到的通用元件。

1. 电阻

电阻是电子电路中最基本、最常用的元件之一，其主要作用是限制电流。电阻的文字符号是"R"，图形符号如图2-6所示，常用实物如图2-7所示。

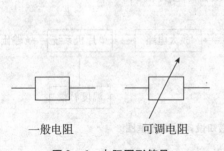

一般电阻　　　　　可调电阻

图2-6　电阻图形符号

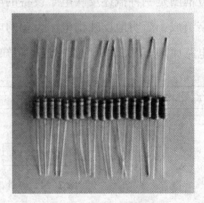

图2-7　常用电阻实物

电阻元件的电阻值大小一般与温度、材料、长度及横截面积有关，衡量电阻受温度影响大小的物理量是温度系数，其定义为温度每升高1℃时电阻值发生变化的百分数。电阻的主要物理特征是变电能为热能，也可以说它是一个耗能元件，电流经过它就产生内能。对信号来说，交流与直流信号都可以通过电阻。电阻在电路中主要发挥限流、降压和分压的作用。在具体选择时应结合耐高温、低温、结露等环境指标进行。

2. 电容器

电容器是储存电荷的元件，同样也是一种最基本、最常用的电子元件。电容器的文字符号是"C"，图形符号如图2-8所示，常用实物如图2-9所示。电容器包括固定电容器和可变电容器两大类，固定电容器又分为无极性电容器和有极性电容器。

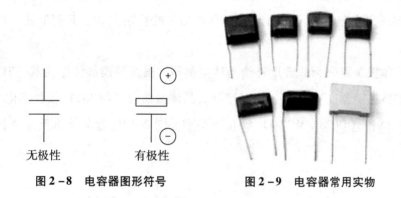

无极性　　　　　　有极性

图2-8　电容器图形符号　　　　图2-9　电容器常用实物

电容器的特点是隔直流通交流。因为电容器两端电极是绝缘的，直流电流不能通过电容器，而交流电流则可以通过充放电方式通过电路。电容器对交流电流具有一定的阻力，该阻力被称为容抗 Xc，交流电流的频率越高则容抗越小。容抗 Xc 分别与交流电流的频率 f 和电容器的容量 C 成反比。

电容器在电子电路中的主要作用是耦合、旁路、移相和谐振，具体描述如下。

（1）信号耦合是指电容器可将前级电路的交流信号耦合至后级电路。

（2）旁路是指电容器可以将电压中的交流成分滤除。

（3）移相是指由于通过电容器的电流大小取决于交流电压的变化率，具有移相作用。

（4）谐振是指电容器可以与电感器组成谐振回路。

同样，在选择电容器时也要结合应用环境进行选择。

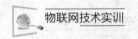

3. 石英晶体振荡器

石英晶体振荡器是利用石英晶体的压电效应制成的一种谐振器件，其基本制作方式大致是从一块石英晶体上按一定方位角切下薄片，在它的两端涂上银层作为电极，在电极上焊接管脚，再加上封装外壳，所以也简称为石英晶体或晶振、晶体。其产品一般用金属外壳封装，也可用玻璃壳、陶瓷壳或塑料壳封装。

石英晶体的压电效应：若在石英晶体的两个电极上加一电场，晶片就会产生机械变形。反之，若在晶片的两侧施加机械压力，则在晶片相应的方向上将产生电场。注意，这种效应是可逆的。如果在晶片的两极上加交变电压，晶片就会产生机械振动，同时晶片的机械振动又会产生交变电场。一般情况下，晶片机械振动的振幅和交变电场的振幅非常微小，但当外加交变电压的频率为某一特定值时，振幅明显加大，比其他频率下的振幅大得多，这种现象称为压电谐振，它与 LC 回路的谐振现象十分相似。它的谐振频率与晶片的切割方式、几何形状、尺寸等有关。

石英晶体振荡器分为非温度补偿晶体振荡器、温度补偿晶体振荡器（TCXO）、电压控制晶体振荡器（VCXO）、恒温控制式晶体振荡器（OCXO）和数字化/μp 补偿式晶体振荡器（DCXO/MCXO）等几种类型。图 2 - 10 为常见石英晶体振荡器实物。

图 2 - 10 石英晶体振荡器实物

4. 串口转换芯片（SP3232E）

单片机的电平是 TTL 电平（输出的高电平大于 2.4V，输出的低电平小于 0.4V），电脑的 232 电平（逻辑 1 为 -15 ~ -3V，逻辑 0 为 3 ~15V），为了能让单片机系统和电脑进行通信就要用到电平转换芯片。SP3232E 就是一种常用的电平转换芯片。

SP3232E 系列由 3 个基本电路模块组成，分别为驱动器、接收器、SIPEX 特有电荷泵。其中，驱动器是一个反相发送器，它将 TTL 或 CMOS 逻辑电平转换为与输入逻辑电平相反的 EIA／TIA－232 电平。一般情况下，RS－232 空载时输出电压范围是 ±3.5V，满载时至少为 ±3.5V。发送器的输出被保护，预防一直短路到地的情况，从而使得其可靠性不受影响。驱动器输出在电源电压低至 2.7V 时也可满足 EIA／TIA－562 的 ±3.7V 电平。

接收器把 EIA／TIA－232 电平转换成 TTL 或 CMOS 逻辑输出电平。所有的接收器有一个反相三态输出。当使能控制 EN 为高时，这些接收器输出（R_XOUT）为三态。在关断模式下，接收器可以是激活或关闭的。EN 对 T_XOUT 没影响。SP3222E／SP3232E 驱动器和接收器输出的逻辑真值见表 2－1。

表 2－1　　　　　　　　　　　　　　关闭控制和使能控制的逻辑真值

$\overline{\text{SHDN}}$	$\overline{\text{EN}}$	T_XOUT	R_XOUT
0	0	三态	有效
0	1	三态	三态
1	0	有效	有效
1	1	有效	三态

由于接收器输入通常由发送线输出，电缆的长度和系统干扰会造成信号的衰减，为了预防这种情况的发生，输入通常有 300mV 的滞后余量。这样一来可确保接收器免于遭受发送线噪声的影响。如果输入悬空，连接到地的 5kΩ 下拉电阻会使接收器的输出变为高电平。

电荷泵是 Sipex 的专利设计，相对其他早期产品的低效设计，它使用了一种独特的方法。电荷泵仍然需要 4 个外接电容，但运用一种 4 相电压转换技术，保持输出对称的 3.5V 电源。内部电压源由一对可调节的电荷泵组成，即使输入电压（VCC）超过 3～3.5V 的范围，电荷泵仍提供 3.5V 输出电压。在大多数情况下，可以通过在 C5 处连接一个 0.1μF 的旁路电容来对电源去耦。在对电源噪声敏感的应用中，用一个与电荷泵电容 C1 值相同的电容接地来去耦 VCC。尽量使旁路电容与芯片更靠近。电荷泵用一个内部振荡器来运行不连续模式。如果输出电压幅值小于 3.5V，电荷泵使能。如果输出电压幅值超过 3.5V，电荷泵禁能。SP3232E 有多种封装形式，其常见封装形式如图 2－11 所示，引脚配置如图 2－12 所示，引脚定义如表 2－2 所示。SP3232E 典型工作电路图如图 2－13 所示。

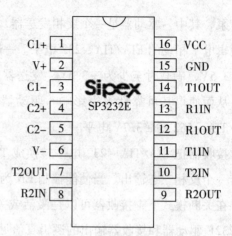

图 2 – 11 SP3232E 常见封装形式　　　　图 2 – 12 SP3232E 引脚配置

表 2 – 2　　　　　　　　　　　　　SP3232E 引脚定义

管脚名	用途	管脚号		
		SP3222E		SP3232E
		DIP/SO	SSOP/TSSOP	
EN	接收器使能控制，正常模式下管脚为低电平，该管脚为高电平时接收器禁止输出（高阻态）	1	1	
C1 +	倍压电荷泵电容的正极	2	2	1
V +	电荷泵产生的 3.5V 电压	3	3	2
C1 –	倍压电荷泵电容的负极	4	4	3
C2 +	反相电荷泵电容正极	5	5	4
C2 –	反相电荷泵电容负极	6	6	5
V –	电荷泵产生的 – 3.5V 电压	7	7	6
T1OUT	RS – 232 驱动器输出	15	17	14
T2OUT	RS – 232 驱动器输出	8	8	7
R1IN	RS – 232 接收器输入	14	16	13
R2IN	RS – 232 接收器输入	9	9	8
R1OUT	TTL/COMS 接收器输出	13	15	12
R2OUT	TTL/COMS 接收器输出	10	10	9
T1IN	TTL/COMS 驱动器输入	12	13	11
T2IN	TTL/COMS 驱动器输入	11	12	10
GND	地	16	18	15
VCC	3 ~ 3.5V 电源电压	17	19	16
SHDN	关断控制输入。正常工作模式下该管脚为高电平，该管脚为低电平时关闭驱动器（高阻输出）和片内电荷泵供电电源	18	20	
NC	悬空		11，14	

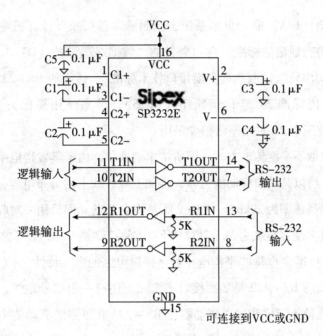

图 2 – 13　SP3232E 典型工作电路图

2.2　实训平台接口

　　接口泛指实体把自己提供给外界的一种抽象化物（可以为另一实体），用以由内部操作分离出外部沟通方法，使其能被内部修改而不影响外界其他实体与其交互的方式。人类与电脑等信息机器或人类与程序之间的接口称为用户界面。电脑等信息机器硬件组件间的接口叫硬件接口。电脑等信息机器软件组件间的接口叫软件接口。在计算机中，接口是计算机系统中两个独立的部件进行信息交换的共享边界。这种交换可以发生在计算机软、硬件，外部设备或进行操作的人之间，也可以是他们的结合。接口主要分为串行接口和并行接口。

2.2.1　串行接口

1. 常见串口类型

　　串行接口按电气标准及协议可以分为 RS – 232、RS – 422、RS – 485 等不同类型。其中 RS – 232 – C、RS – 422 与 RS – 485 标准只对接口的电气特性作出规定，不涉及接插件、电缆或协议。

　　RS – 232：也称标准串口，是最常用的一种串行通信接口。它是在 1970 年由美国电子工业协会（EIA）联合贝尔系统、调制解调器厂家及计算机终端生产厂家共同制定的用于串行通信的标准。它的全名是"数据终端设备（DTE）和数据通信设备（DCE）之间串行二进制数据交换接口技术标准"。传统的 RS－232－C 接口标准有 22 根线，采用标准 25 芯 D 型插座（DB25），后来使用简化为 9 芯 D 型插座（DB9），现在应用中 25 芯插座已很少采用。

RS－232 采取不平衡传输方式，即所谓单端通信。由于其发送电平与接收电平的差仅为 2～3V，所以其共模抑制能力差，再加上双绞线上的分布电容，其传送距离最大约为 15m，最高速率为 20kb/s。RS－232 是为点对点（即只用一对收、发设备）通信而设计的，其驱动器负载为 3k～7kΩ。所以 RS－232 适合本地设备之间的通信。

RS－422：标准全称是"平衡电压数字接口电路的电气特性"，它定义了接口电路的特性。典型的 RS－422 是四线接口。实际上还有一根信号地线，共 5 根线。由于接收器采用高输入阻抗和发送驱动器比 RS－232 有更强的驱动能力，故允许在相同传输线上连接多个接收节点，最多可连接 10 个节点。即一个主设备（Master），其余为从设备（Slave），从设备之间不能通信，所以 RS－422 支持点对多的双向通信。接收器输入阻抗为 4kΩ，故发端最大负载能力是 $10 \times 4k + 100\Omega$（终接电阻）。RS－422 四线接口由于采用单独的发送和接收通道，因此不必控制数据方向，各装置之间任何必需的信号交换均可以按软件方式（XON/XOFF 握手）或硬件方式（一对单独的双绞线）实现。

RS－422 的最大传输距离为 1219m，最大传输速率为 10Mb/s。其平衡双绞线的长度与传输速率成反比，在 100kb/s 速率以下，才可能达到最大传输距离。只有在很短的距离下才能获得最高速率传输。一般 100m 长的双绞线上所能获得的最大传输速率仅为 1Mb/s。

RS－485 是从 RS－422 基础上发展而来的，所以 RS－485 许多电气规定与RS－422 相仿。如都采用平衡传输方式、都需要在传输线上接终接电阻等。RS－485 可以采用二线与四线方式，二线制可实现真正的多点双向通信，而采用四线连接时，与 RS－422 一样只能实现点对多的通信，即只能有一个主设备（Master），其余为从设备，但它相比 RS－422 有改进，无论四线还是二线连接方式，总线上可接到 32 个设备。

RS－485 与 RS－422 的不同还在于其共模输出电压是不同的，RS－485 是在 －7～12V，而 RS－422 在 －7～7V，RS－485 接收器最小输入阻抗为 12kΩ、RS－422 是 4kΩ；由于 RS－485 满足所有 RS－422 的规范，所以 RS－485 的驱动器可以在 RS-422 网络中应用。

RS-485 与 RS-422 一样，其最大传输距离约为 1219m，最大传输速率为 10Mb/s。平衡双绞线的长度与传输速率成反比，在 100kb/s 速率以下，才可能使用规定最长的电缆长度。只有在很短的距离下才能获得最高速率传输。一般 100m 长的双绞线最大传输速率仅为 1Mb/s。

2. 串口实物及接口定义

串口按照针脚可分为 9 针串口和 25 针串口，25 针串口在早期的电脑上曾用来连接纸带机、MODEM 等，并可以用来联机交换数据，由于体积较大、作用单一，因此目前的主板上已经不再采用 25 针串口，其实物如图 2-14 所示。图 2-15 为 25 针串口针脚编号。

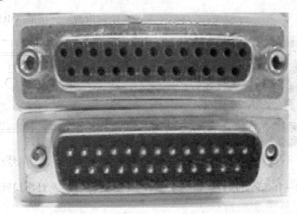

图 2-14　25 针串口实物

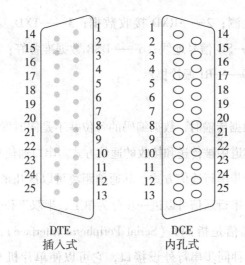

DTE
插入式

DCE
内孔式

图 2-15　25 针串口针脚编号

其针脚定义如下：

1——未用；2——TXD 发出数据；3——RXD 接收数据；4——RTS 请求发送；5——CTS 清除发送；6——DSR 数据准备好；7——SG 信号地线；8——DCD 载波检测；9——发送返回；10——未用；11——数据发送；12～17——未用；18——数据接收；19——未用；20——DTR 数据终端准备好；21——未用；22——RI 振铃指示；23——未用；24——未用；25——接收返回。

目前，通用的串口一般为 9 针串口，其实物如图 2 - 16 所示。图 2 - 17 为 9 针串口针脚编号。

图 2 - 16 9 针串口实物

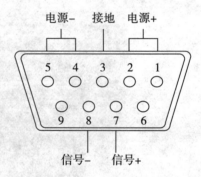

图 2 - 17 9 针串口针脚编号

其针脚定义如下：

1——DCD 载波检测；2——RXD 接收数据；3——TXD 发送数据；4——DTR 数据终端准备好；5——SG 信号地线；6——DSR 数据准备好；7——RTS 请求发送；8——CTS 清除发送；9——RI 振铃提示。

3. 串口通信

串口通信是指在数据传输时，数据编码的各位并不是同时发送，而是按照一定的顺序，一位一位地在信道中被传送和接收的通信方式。串口通信有两种最基本的方式：同步串行通信方式和异步串行通信方式。其通信距离可以从几米到几千米，而按照信息传送方向和同时性，串行通信可以进一步分为单工、半双工和全双工三种。

其中，同步串行通信是指 SPI（Serial Peripheral Interface），即串行外围设备接口。SPI 总线系统是一种同步串行外设接口，它可以使单片机与各种外围设备以串行方式进行通信以交换信息。

异步串行通信是指 UART (Universal Asynchronous Receiver/Transmitter)，即通用异步接收/发送。UART 是一个将并行输入转为串行输出的芯片，通常集成在主板上。UART 包含 TTL 电平的串口和 RS - 232 电平的串口。TTL 电平是 3.3V 的，而 RS - 232 是负逻辑电平，它定义 5 ~ 12V 为低电平，而 - 12 ~ - 5V 为高电平，MDS2710、MDS SD4、EL805 等均是 RS - 232 接口。

单工方式是指信号在信道中只能沿一个方向发送，而不能沿相反方向传送的工作方式，如图 2 - 18 （单工方式）所示。其中 A 方只能发送，称为发送器；B 方只能接收，称为接收器。半双工方式中，通信的双方均具有发送和接收信息的能力，信道也具有双向传输性能，但是通信的任何一方都不能同时既发送信息又接收信息，这样的传送方式称为半双工方式，如图 2 - 18 （半双工方式）所示。A 方和 B 方都可以作为发送器或接收器，但 A 与 B 之间只有一条传输线，信息只能分时在两个方向传输，即要么 A 发 B 收，要么 A 收 B 发。不发送信息时，通常使 A、B 均处于接收状态，以便随时响应对方呼叫。全双工方式指信号在通信双方沿两个方向同时传送，任何一方在同一时刻既能发送信息又能接收信息，如图 2 - 18 （全双工方式）所示，A 与 B 之间有两根信号传输线，两个方向的资源完全独立，两个方向的数据通道也完全分开。

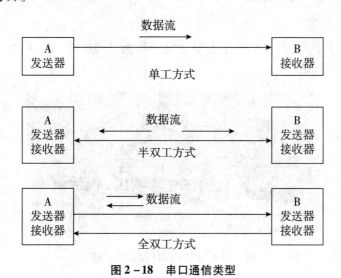

图 2 -18　串口通信类型

2.2.2　并行接口

1. 常见并行接口类型

在 IEEE1284 标准中定义了多种并行接口模式，常用的有以下三种：

（1）标准并行接口（Standard Parallel Port，SPP）；

（2）增强并行接口（Enhanced Parallel Port，EPP）；

（3）扩展功能并行接口（Extended Capabilities Port，ECP）。

这几种模式因硬件和编程方式的不同，传输速度可以从 50KB/s 到 2MB/s 不等。一般用以从主机传输数据到打印机、绘图仪或其他数字化仪器的接口，是一种叫 Centronics 的 36 脚弹簧式接口（通常主机上是 25 针 D 型接口，打印机上是 36 针 Centronics 接口）。

2. 接口的定义及其连接器

并行接口，指采用并行传输方式来传输数据的接口标准。从最简单的一个并行数据寄存器或专用接口集成电路芯片如 8255、6820 等，至较复杂的 SCSI 或 IDE 并行接口，种类有数十种。一个并行接口的接口特性可以从两个方面加以描述：①以并行方式传输的数据通道的宽度，也称接口传输的位数；②用于协调并行数据传输的额外接口控制线或称交互信号的特性。数据的宽度可以从 1～128 位或者更宽，最常用的是 8 位，可通过接口一次传送 8 个数据位。在计算机领域最常用的并行接口是通常所说的 LPT 接口。

并行接口，通常主机上是 25 针 D 型接口，打印机上是 36 针弹簧式接口（Centronics 接口）。

IEEE1284 标准规定了 3 种连接器，分别称为 A 型、B 型、C 型（如图2 - 19 所示）。

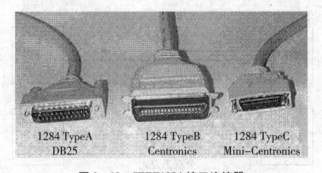

1284 TypeA　　　1284 TypeB　　　1284 TypeC
DB25　　　　　Centronics　　　Mini-Centronics

图 2 - 19　IEEE1284 接口连接器

（1）A 型。

25PIN DB - 25 连接器，只用于主机端。

DB - 25 孔型插座（也称 FEMALE 或母头），用于 PC 机上，外形如图 2 - 20 所示。

图 2 − 20　DB − 25 孔型插座（母头）

这种 A 型的 DB − 25 针型插头（也称 DB − 25 针形电缆插头，MALE 或公头），因为尺寸较小，也有少数小型打印机（如 POS 机打印机等）使用（非标准使用），但电缆短。如图 2 − 21 所示。

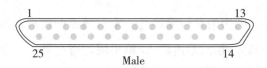

图 2 − 21　DB − 25 针型插头（公头）

（2）B 型。

36PIN 0. 085inch 间距的 Champ 连接器，带卡紧装置，也称 Centronics 连接器，只用于外设。

36PIN Centronics 插座（SOCKET 或 FEMALE），用于打印机上。如图 2 − 22 所示。

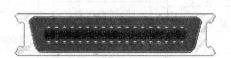

图 2 − 22　36PIN Centronics 插座

（3）C 型。

Mini − Centronics 36PIN 插座新增加的 Mini − Centronics 36PIN 连接器，如图 2 −23所示，也称为 Half − pitch Centronics 36 connector（HPCN36），也有称 MDR36，36PIN 0. 050inch 间距，带卡紧装置，既可用于主机，也可用于外设，应用还不普遍，因有竞争力的新的接口标准的不断出现，普及应用很难。

新接口还增加了两个信号线 Peripheral Logic High 和 Host Logic High，用于通过电缆能检测到另一端是否打开电源。

3. 并口通信简介

并行接口中各位数据都是并行传送的，它通常以字节（8 位）或字节（16 位）为单位进行数据传输。

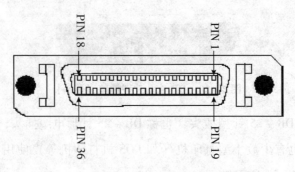

图 2 – 23　Mini – Centronics 36PIN 连接器

如图 2 – 24 所示，图中的并行接口是一个双通道的接口，能完成数据的输入和输出。其中，数据的输入/输出是由输入/输出缓冲寄存器来实现的，状态寄存器提供状态信息供 CPU 查询，控制寄存器接收来自 CPU 的各种控制命令。

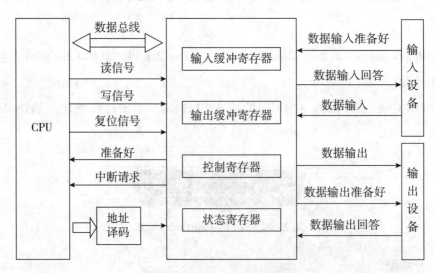

图 2 – 24　并行接口通信原理

在数据输入过程中：输入设备将数据传送给接口，同时使"数据输入准备好"有效。接口把数据传送给输入缓冲寄存器时，使"数据输入回答"信号有效，当外设收到应答信号后，就撤销"数据输入准备好"和数据信号。同时，状态寄存器中的相应位（"数据输入准备好"）有效，以供 CPU 查询。当然，也可采用中断方式，向 CPU 发出中断请求。CPU 在读取数据后，接口会自动将状态寄存器中的"数据输入准备好"位复位。然后，CPU 进入下一个输入过程。

在数据输出过程中：当 CPU 输出的数据传送到数据输出缓冲寄存器后，接口会自动清除状态寄存器中的"输出准备好"状态位，并且把数据传送给输出设备，输出设备收到数据后，向接口发一个应答信号，告诉接口数据已收到，接口收到信号后，将状态寄存器中的"输出准备好"状态位置"1"。然后，CPU 进入下一个输出过程。

2.3 实训平台软件

物联网技术实训平台所用软件总体上可以分为硬件电路制作软件和上位机操作软件。其中硬件开发软件主要包括电路图绘制软件 Altium Designer13，程序烧写软件 CCS、IAR；上位机操作软件是自主开发的物联网技术实训平台操作软件。

2.3.1 Altium Designer13

Altium Designer13 是原 Protel 软件开发商 Altium 公司推出的一体化的电子产品开发系统，主要运行在 Windows 操作系统。该软件在全面继承包括 Protel 99SE、Protel DXP 在内的先前一系列版本的功能和优点基础之上，进行了许多改进且增加更多功能。该平台拓宽了板级设计的传统界面，全面集成了 FPGA 设计功能和 SOPC 设计实现功能，从而允许工程设计人员将系统设计中的 FPGA 与 PCB 设计及嵌入式设计集成在一起。本书中使用的主要集中于电路原理图及 PCB 版图的绘制。

1. Altium Designer13 安装流程

运行 AltiumInstaller. exe，文件开始安装，如图 2 – 25 所示。

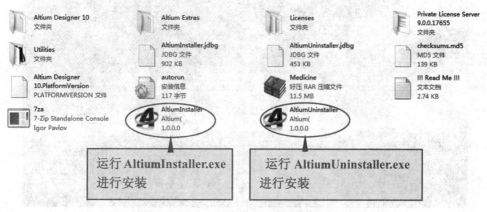

图 2 – 25   Altium Designer13 安装流程（1）

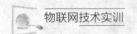

出现如图 2-26 所示界面，点击"Next"。

图 2-26　Altium Designer13 安装流程（2）

出现图 2-27 所示界面，选择中文，勾选同意协议项，点击"Next"。

图 2-27　Altium Designer13 安装流程（3）

出现图 2 - 28 所示界面，点击 "Next"。

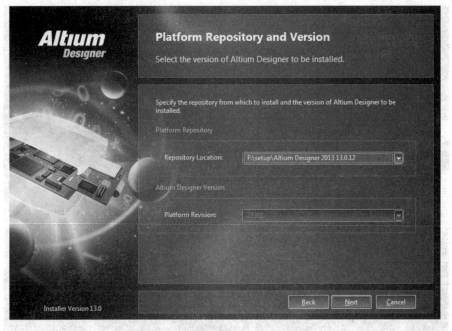

图 2 - 28　Altium Designer13 安装流程（4）

出现图 2 - 29 所示界面，可以选择产品，其他情况下，若做 PCB 设计可选择安装 PCB Design。

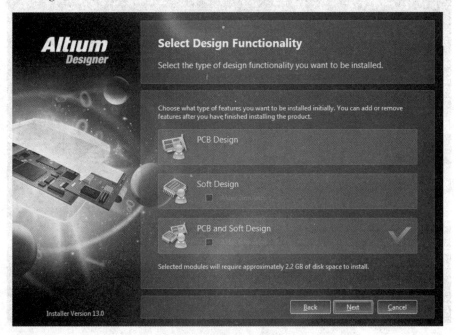

图 2 - 29　Altium Designer13 安装流程（5）

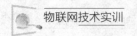

出现图 2 – 30 所示界面，可以更改安装目录。

图 2 – 30　Altium Designer13 安装流程（6）

随后，点击"Next"，进行安装，如图 2 – 31 所示。

图 2 – 31　Altium Designer13 安装流程（7）

出现图 2 - 32 所示界面，安装完成，进行破解。

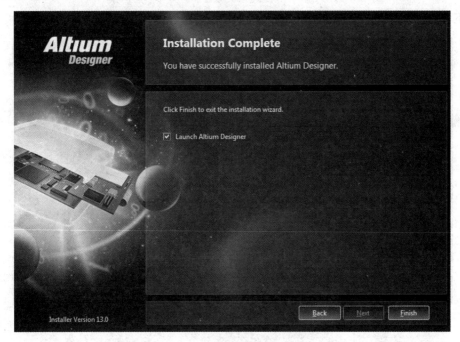

图 2 - 32　Altium Designer13 安装流程（8）

启动安装好的 Altium Designer13，在图 2 - 33 所示的界面中添加授权文件，完成破解。

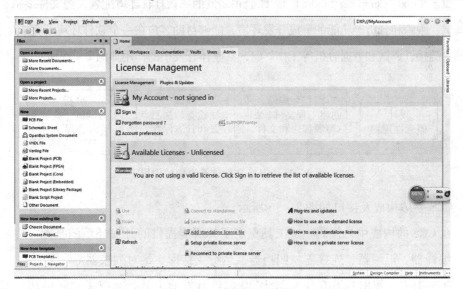

图 2 - 33　添加授权文件

2. Altium Designer13 绘制 PCB 图

打开 Altium Designer13，依次单击 file→new→project→PCB project，创建一个

PCB 工程，将该工程保存后，便可以将有关文件如原理图、封装图、PCB 图添加到该工程内。使用该软件绘制的 PCB 示例如图 2 – 34 所示。

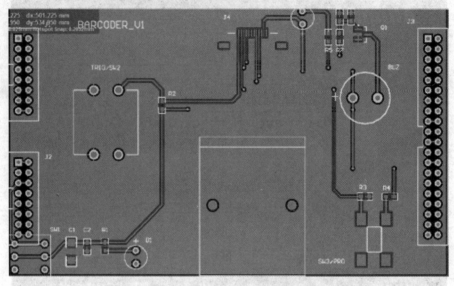

图 2 – 34　Altium Designer13 绘制 PCB 示例

2.3.2　CCSv6

CCS（Code Composer Studio）是 TI 公司研发的一款具有环境配置、源文件编辑、程序调试、跟踪和分析等功能的集成开发环境，能够帮助客户在一个软件环境下完成编辑、编译、链接、调试和数据分析等工作。CCS 在整体开发中的作用如图 2 – 35 所示。

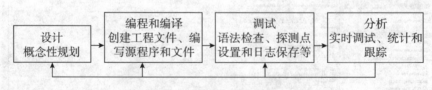

图 2 – 35　CCS 在整体开发中的作用

CCS 整体构成及接口如图 2 – 36 所示。

在 CCS 的构成中，代码生成工具奠定了其所能提供的开发环境的基础。主要包括 C 编译器、汇编器、连接器、归档器、运行支持库、绝对列表器等。

在本书中，使用 CCSv6 作为 MSP430 软件开发的工具，完成了物联网技术实训平台 HF RFID 技术模块的开发工作。

CCSv6 安装流程：运行安装文件开始安装，当出现图 2 – 37 所示的界面时，选择 "Custom" 选项，进入手动安装通道。

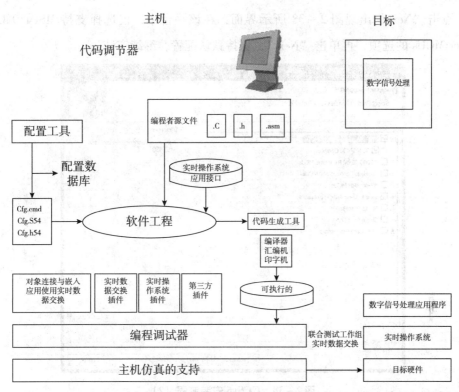

图 2-36 CCS 整体构成及接口

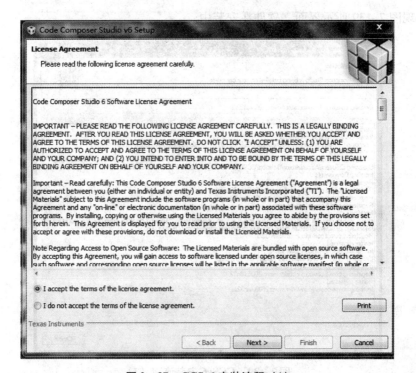

图 2-37 CCSv6 安装流程（1）

点击"Next"出现图2-38所示界面，在该平台中，仅选择支持MSP430 Low Power MCUs的选项，再单击"Next"，保持默认配置，继续安装。

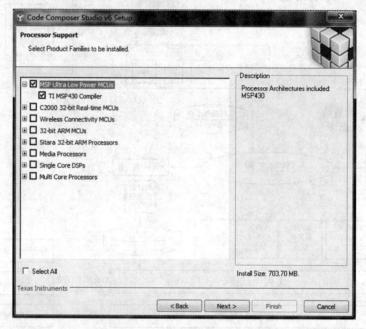

图2-38　CCSv6安装流程（2）

出现图2-39所示界面，软件在安装中。

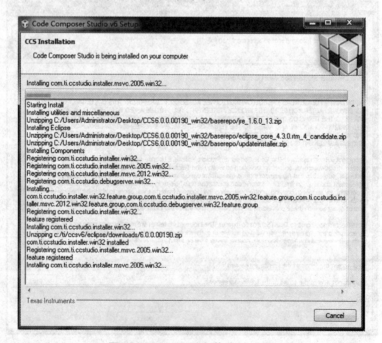

图2-39　CCSv6安装流程（3）

完成安装，如图 2 - 40 所示。

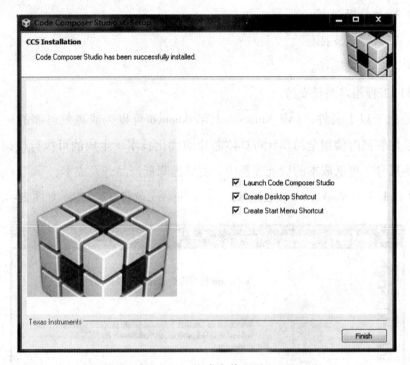

图 2 - 40　完成安装 CCSv6

2.3.3　IAR

在物联网技术实训平台中的 ZigBee 模块，使用了 CC2530 处理芯片，仅能使用 IAR 进行程序烧写。潜入式 IAR Embedded Workbench 是一款非常有效的集成开发环境（IDE），由 IAR Systems 公司供应，它能够使用户充分有效地开发并管理嵌入式应用工程。该软件提供了一个高效的开发框架，可用的所有工具基本均可以完整地嵌入其中，主要包括高度优化的 IAR AVR C/C + + 编译器、AVR IAR 汇编器、IAR XAR 库创建器与 IAR XLIB Librarian 等。目前，IAR Embedded Workbench 可以对 35 种以上的 8 位、16 位及 32 位 ARM 微处理器提供支持。该软件集成编译器具有以下优异的产品特性。

（1）高效的 PROMable 代码。

（2）完全标准 C 兼容。

（3）内建对应芯片的程序速度和大小优化器。

（4）目标特性扩充。

（5）版本控制和扩展工具支持良好。

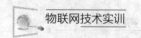

（6）便捷的中断处理和模拟功能。

（7）瓶颈分析能力。

（8）高效浮点支持。

（9）内存模式选择。

（10）工程相对路径支持。

正是由于以上特性，IAR Embedded Workbench 可以生成高效可靠的可执行代码，并且能够同时使用全局和针对具体芯片的优化技术，生成的可执行代码可以运行于更小尺寸、更低成本的微处理器中，更好地降低产品开发成本。

IAR Embedded Workbench 安装流程：运行 setup.exe 文件开始安装，如图 2－41 所示。

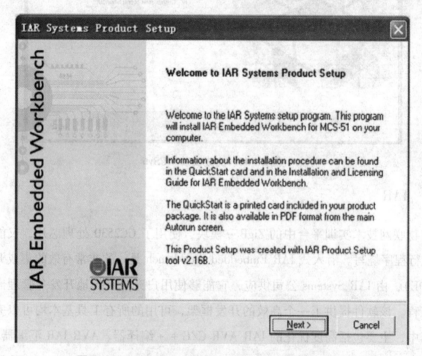

图 2－41 IAR Embedded Workbench 安装流程（1）

单击"Next"，出现图 2－42 所示界面，分别填写 Name、Company 及 License 条目内容。

正确填写完成后，单击"Next"，出现图 2－43 所示界面，分别填写计算机机器码及认证序列密钥。

输入完成后，单击"Next"，出现图 2－44 所示界面，选择安装模式（完全安装/典型安装）。

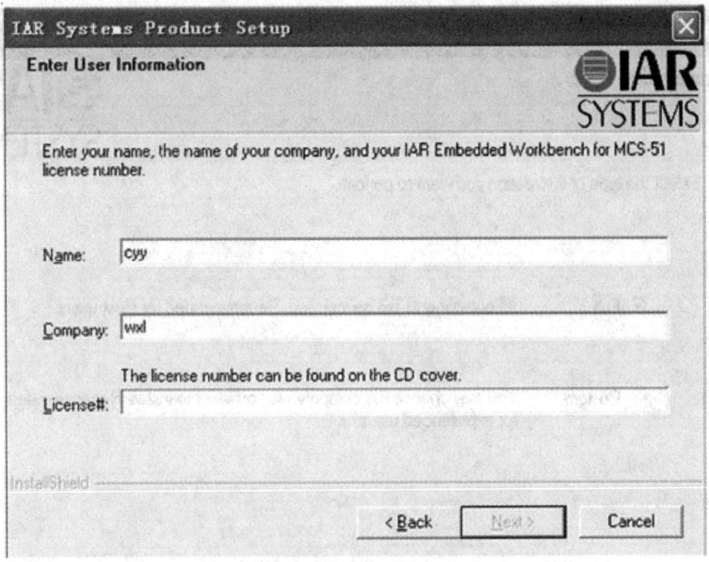

图 2-42　IAR Embedded Workbench 安装流程（2）

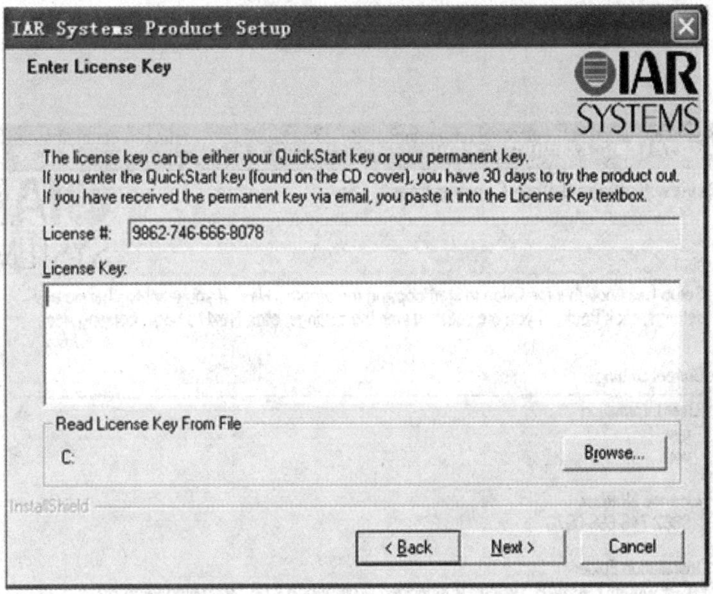

图 2-43　IAR Embedded Workbench 安装流程（3）

单击"Next"，出现图 2-45 所示界面，检查信息是否正确填写。

单击"Next"，出现图 2-46 所示界面，开始正式安装。

等待进度完成，如图 2-47 所示，可查看 IAR 介绍及是否立即运行 IAR 开发集成环境。单击"Finish"，完成安装。

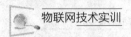

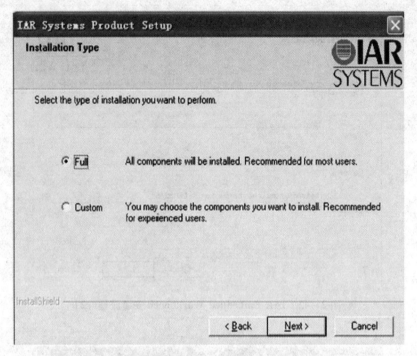

图 2 – 44　IAR Embedded Workbench 安装流程（4）

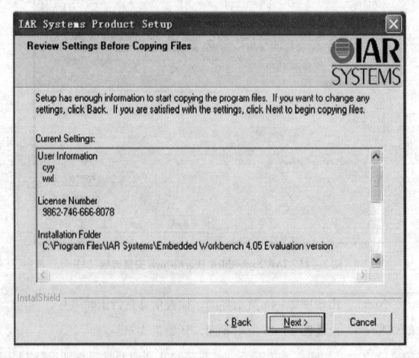

图 2 – 45　IAR Embedded Workbench 安装流程（5）

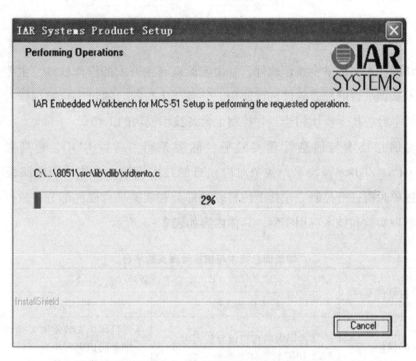

图 2 −46 IAR Embedded Workbench 安装流程（6）

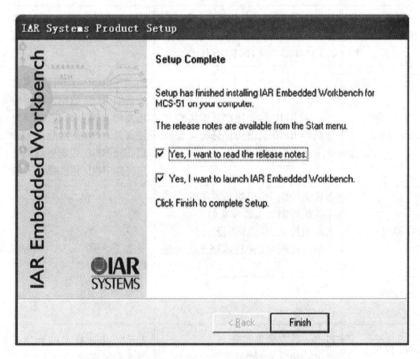

图 2 −47 完成安装 IAR Embedded Workbench

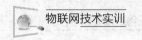

2.3.4 平台操作软件

物联网技术实训平台操作软件，是由实验室自主开发的操作软件，主要作为物联网技术实训平台的配套软件进行使用。装载于上位机，通过串口数据线与物联网技术实训平台各技术模块相连，并控制平台各技术模块的工作。

物流信息技术与信息管理实验平台涵盖条码、高频 RFID、超高频 RFID、GPRS、GPS、ZigBee 等技术，各个对应独自的技术模块，总体使用电路板进行集成，通过单片机进行控制。包括上位机软件部分和实验平台硬件部分，软件部分包括技术原理实验和技术应用实验，具体内容如表 2 - 3 所示。

表 2 - 3 物流信息技术与信息管理实验平台

实验平台硬件平台	实验平台软件平台	
	技术原理实验	技术应用实验
条码模块	一维条码编码与协议分析实验 EAN UCC 标准体系编码实验	条码打印机安装使用实验 一维条码识别实验 二维条码设计实验
低频（LF）RFID 模块	基于低频的 RFID 读取实验	
高频（HF）RFID 模块	ISO 15693 协议 HF RFID 技术实验 ISO 14443A 协议 HF RFID 技术实验 ISO 14443B 协议 HF RFID 技术实验	HF RFID 通信协议分析实验
超高频（UHF）RFID 模块	超高频 RFID 标签协议分析实验 超高频 RFID 通信协议分析实验	超高频 RFID 标签读取实验 超高频 RFID 数据读取实验 超高频 RFID 写入数据实验 超高频 RFID 擦除数据实验 超高频 RFID 锁定标签实验 超高频 RFID 销毁标签实验
3G 模块	上位机控制 3G 模块基本实验 上位机控制短信收发实验 上位机控制 3G 通话实验 上位机控制 3G 进行数据无线传输实验	基于 WebGIS 的 GPS 运输定位与管理实验
GPS 模块	GPS 实验 GIS 实验	
ZigBee 模块	ZigBee 数据采集实验 ZigBee 协议分析实验	基于 ZigBee 技术的仓库环境监控管理系统实验

物流信息技术与信息管理实验平台硬件部分包括 11 个部分，即供电模块、显示单元、备用模块、条码模块、高频 RFID 模块、低频 RFID 模块、超高频 RFID 模块、3G 模块、GPS 模块、GPS/BD 模块、ZigBee 模块，各个模块下方都有对应的该模块名称。

安装配置环境——. NET Framework 2.0。

该软件需要. NET 环境，Windows7 用户可忽略此处，Windows XP 用户需安装 Framework2.0，如需下载，请登录以下地址，根据机型下载并安装。

http：//www. microsoft. com/downloads/zh – cn/details. aspx？FamilyID = 5b2c035 8 –915b –4eb5 –9b1d –10e506da9d0f。

下载文件界面如图 2 –48 所示。

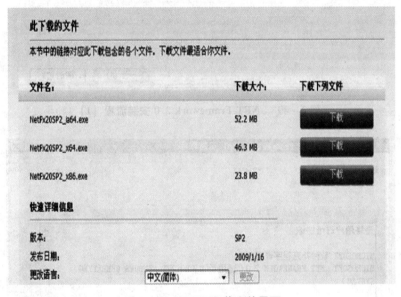

图 2 –48　.NET 下载文件界面

安装步骤如下。

（1）双击下载好的文件，解压安装，如图 2 –49 所示。

（2）单击"下一步"，出现如图 2 –50 所示界面。

（3）选定接受许可条款，单击"安装"，出现如图 2 –51 所示界面。

（4）等待安装完成。

安装上位机软件步骤如下。

（1）找到实验箱 V3.0 文件夹。

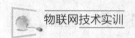
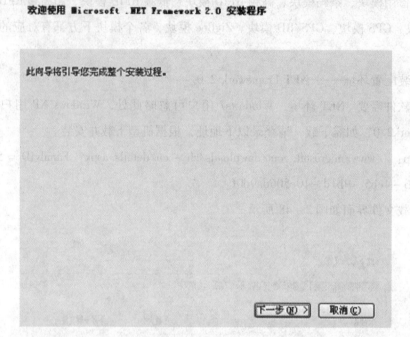

图 2－49　.NET Framework 2.0 安装流程（1）

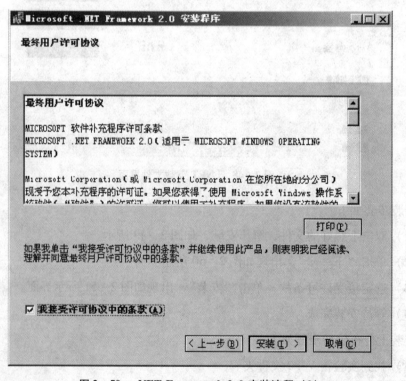

图 2－50　.NET Framework 2.0 安装流程（2）

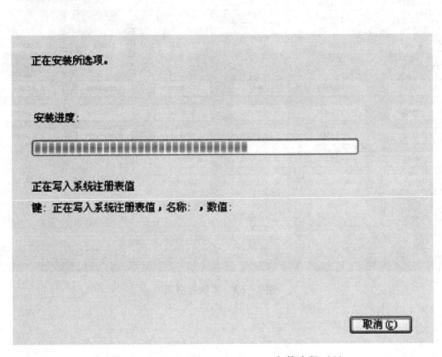

图 2 −51 . NET Framework 2.0 安装流程（3）

（2）点击右键并选择物流信息技术与信息管理实验平台（实验箱 . exe），如图 2 −52 所示。

图 2 −52 物流信息技术与信息管理软件平台应用程序示意

（3）双击"实验箱 . exe"，打开操作界面如图 2 −53 所示。

物联网实训平台已经进行串口号、波特率、校验位、数据位、停止位等一系列相关配置，可以直接使用其中的各个功能，部分参数也可进行修改，实现相应的功能。

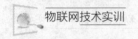

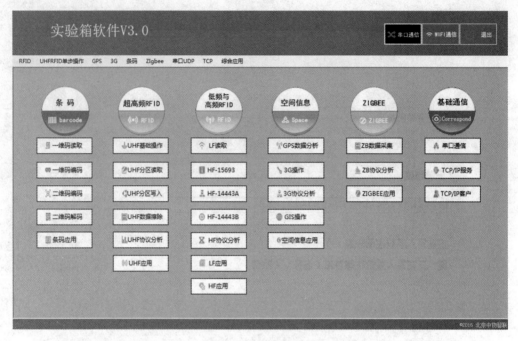

图 2 - 53 实验箱界面

3 条码

条码技术是广泛应用于物联网的一种自动识别技术，具有输入速度快、准确度高、成本低、可靠性强等优点，在当今的自动识别技术中占有重要的地位。世界上约有 225 种以上的一维条码，每种一维条码都有自己的一套编码规格，规定每个字母（可能是文字或数字或文数字）是由几个线条（Bar）及几个空白（Space）组成。一般较流行的一维条码有 39 码、EAN 码、UPC 码、128 码，还有专门用于书刊管理的 ISBN、ISSN 等。常见的条码类型如图 3 – 1 所示。

图 3 –1　常见条码类型

本章旨在使学生能够理解条码技术理论知识，理解条码协议，对条码构成、生成、应用有更深认识，掌握条码编码技巧，了解常用编码软件的使用；在此基础上综合运用物流分类编码技术和条码技术，并结合立体仓库实际情况，为仓库中物品和储运单元（包括托盘和周转箱）设计相应的编码方案，并制作符合 EAN · UCC 标准的条码标签，进一步了解 EAN · UCC 标准体系结构，掌握条码的编码及制作方法，并能够正确安装和使用条码打印和扫描设备，条码扫描实训模块的组成如图 3 –2 所示。根据此结构图对条码模块进行硬件设计。

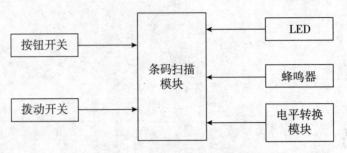

图 3 - 2　条码扫描结构组成

3.1　条码模块硬件设计

条码模块主要由条码扫描单元和周边组件构成。条码扫描单元选用 CL - 9000LD3B - I，它的主控芯片为 STM32F103C8T68。

3.1.1　CL - 9000LD3B - I

CL - 9000LD3B - I 采用 617NM 光源，线阵 CCD 传感器探头，扫描速度 100 线/s，扫描角度 420° ± 2°，可读取 UPC/EAN/JAN、EAN128Code、Code39、Code93、Matri25 等条码。

CL - 9000LD3B - I 模块引脚分布如表 3 - 1 所示。

表 3 - 1　　　　　　　　　　CL - 9000LD3B - I 模块引脚

引脚号	功　能
P1	X（空置）
P2	VCC IN
P3	GND
P4	RXD（接收数据）
P5	TXD（发送数据）
P6	CTS（清除发送）
P7	RTS（请求发送）
P8	X（空置）
P9	BZ
P10	GDLED（编程类引脚，输出）
P11	PROG（编程类引脚，输入）
P12	IDLE CONTROL（红外发光二极管控制）

3.1.2　STM32F103C8T68

STM32F103C8T68 是中等容量增强型，基于 ARM 核心的 32 位带 64K 或 128K 闪存的微控制器，封装形式为 LQFP48。采用 7 通道 DMA 控制，串行单线调试（SWD），附带 3 个 16 位定时器，1 个 16 位带死区控制和紧急刹车，2 个看门狗定时器，1 个系统时间定时器，2 个 SPI 接口，2 个 I2C 接口，1 个 CAN 接口和 1 个 USB 接口。表 3-2 为STM32F103××中等容量系列产品功能和外设配置。

表 3-2　　　　STM32F103××中等容量系列产品功能和外设配置

外设		STM32F103T×	STM32F103C×		STM32F103R×		STM32F103V×	
闪存（KB）		64	64	128	64	128	64	128
SRAM（KB）		20	20		20		20	
定时器	通用	3 个（TIM2、TIM3、TIM4）定时器						
	高级	1 个 TIM1						
通用接口	SPI	1 个（SPI1）			2 个（SPI1、SPI2）			
	I2C	1 个（I2C1）			2 个（I2C1、I2C2）			
	USART	2 个 USART1、USART2			3 个 USART1、USART2、USART3			
	USB	1 个（USB 2.0 全速）						
	CAN	1 个（2.0B 主动）						
GPIO 端口		26	37		51		80	
12 位 ADC 模块		2（10）	2（10）		2（10）		2（10）	
CPU 频率		72MHz						
工作电压		2.0~3.6V						
工作温度		环境温度：-40℃~85℃/-40℃~105℃						
封装形式		VFQFPN36	LQFP48		LQFP64/TFBGA64		LQFP100/LFBGA100	

STM32F103C8T68 有两种工作模式：正常工作模式和低功耗模式。STM32F103C8T68三种低功耗模式分别是：睡眠模式、停机模式和待机模式。在睡眠模式下，仅 CPU停止，其他外设均处于工作状态且可以在发生/中断事件时唤醒 CPU。停机模式下，停止所有内部 1.8V 部分的供电，PLL、HIS 的 RC 振荡器和 HSE 晶体振荡器关闭，调压器可被置于普通模式或低功耗模式。待机模式下，内部电压振荡器调压器关闭，所有内部 1.8V 部分的供电及 PLL、HIS 的 RC 振荡器和 HSE 晶体振荡器关闭，

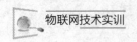
SRAM 和寄存器内容消失，但后备存储器内容保留，待机电路始终工作。并且 STM32F103C8T68 采用的 7 路通用 DMA 可以有效管理存储器到存储器、设备到存储器和存储器到设备的数据传输，避免了控制器传输到达缓冲区结尾时产生的中断。

STM32F103C8T68 所采用的 LQFP48 封装形式共 48 个引脚，引脚分布如图 3 - 3 所示。各引脚定义及通用工作条件可查阅产品说明。

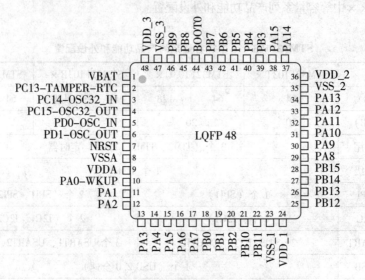

图 3 - 3　STM32F103C8T68 封装引脚分布

STM32F103C8T68 芯片供电原理，如图 3 - 4 所示。

在电压均为 VSS 情况下取得芯片电压特性如表 3 - 3 所示。

表 3 - 3		电压特性			
符号	描　述	最小值	最大值	单位	
VDD - VSS	外部主供电电压（包含 VDDA 和 VDD）	- 0.3	4	V	
VIN	在 5V 容忍的引脚上的输入电压	VSS - 0.3	3.5		
	在其他引脚上的输入电压	VSS - 0.3	VDD + 0.3		
| ΔVDDx |	不同供电引脚之间的电压差		50	mV	
| VSSx - VSS |	不同接地引脚之间的电压差		50		
VESD（HBM）	ESD 静电放电电压（人体模型）				

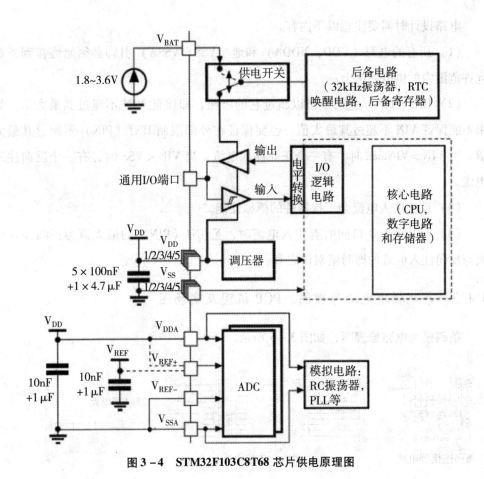

图 3 – 4 STM32F103C8T68 芯片供电原理图

电流特性如表 3 – 4 所示。

表 3 – 4   电流特性

符号	描述	最大值	单位
IVDD	经过 VDD/VDDA 电源线的总电流（供应电流）	150	
IVSS	经过 VSS 地线的总电流（流出电流）	150	
IIO	任意 I/O 和控制引脚上的输出灌电流	25	
	任意 I/O 和控制引脚上的输出电流	− 25	
IINJ（PIN）	NRST 引脚的注入电流	± 5	mA
	HSE 的 OSC_ IN 引脚和 LSE 的 OSC_ IN 引脚的注入电流	± 5	
	其他引脚的注入电流	± 5	

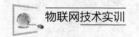

电路设计时需要注意以下内容。

（1）所有的电源（VDD，VDDA）和地（VSS，VSSA）引脚必须始终接到外部允许范围内的供电系统上。

（2）IINJ（PIN）绝对不可以超过它的极限，即保证 VIN 不超过其最大值。如果不能保证 VIN 不超过其最大值，也要保证在外部限制 IINJ（PIN）不超过其最大值。当 VIN > VINmax 时，有一个正向注入电流；当 VIN < VSS 时，有一个反向注入电流。

（3）反向注入电流会干扰器件的模拟性能。

（4）当几个 I/O 口同时有注入电流时，∑ IINJ（PIN）的最大值为正向注入电流与反向注入电流的即时绝对值之和。

3.1.3 条码模块电路原理图、PCB 板图及实物图

条码模块电路原理图，如图 3 - 5 所示。

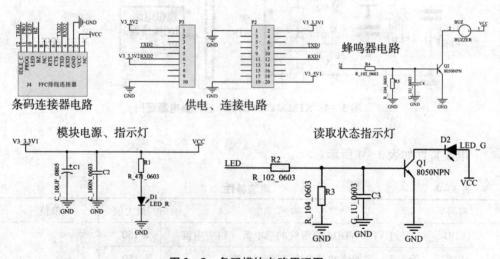

图 3 - 5 条码模块电路原理图

条码模块 PCB 板图，如图 3 - 6 所示。

条码模块实物，如图 3 - 7 所示。

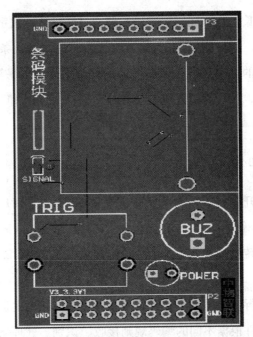

图 3 – 6　条码模块 PCB 板图

图 3 – 7　条码模块实物

3.2　条码模块工作原理及流程

3.2.1　条码模块工作原理

CL – 9000LD3B – I 模块通过 617NM 光源向条码发射可见光,由线阵 CDD 传感器探头接收反射光,并进行光电转换。由于条码中白条、黑条的宽度不同,转换生

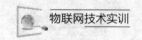

成的电信号持续时间长短也不同。后经译码器通过测量脉冲数字电信号 0、1 的数目来判别条和空的数目。通过测量 0、1 信号持续的时间来判别条和空的宽度。随后，根据不同的码制对应的编码规则（例如 EAN – 39 码），将条码符号转换成相应的数字、字符信息。最后，由计算机系统进行数据处理与管理，即可以识别物品的详细信息。

3.2.2　条码模块工作流程

首先，打开电源开关，条码技术模块上电，打开该模块对应串口开关。

其次，按下 TRIG 键，617NM 光源向条码发射可见光，线阵 CDD 传感器探头接收可见光，进行光电转换，经处理的电信号传输至模块 MAX3232，转化为串行口可接收数据。

再次，数据由串行口上传至上位机软件，即物联网技术实训平台操作软件。

最后，上位机软件根据不同的编码规则接收、识别、处理条码信息。

3.3　条码模块操作实训

3.3.1　一维条码编码与协议分析

目的：了解常用编码软件的使用；进一步使学生理解条码技术的理论知识，理解条码协议；对条码构成、生成、应用有直观认识，进一步掌握条码编码技巧。

内容：了解各种主要码制；使用条码模块读取条码；用相关软件进行编码［39 码，UPC – A，UPC – E，交叉 25 码，128 码，EAN13，EAN8，HBIC（带校验符的 39 码），库德巴码，工业/交叉 25 码，储运码，UPC2，UPC5，93 码，邮电 25 码（中国），UCC·EAN 码，矩阵 25 码，POSINET 码］，设计分析不同的协议；了解与掌握条码标签的设计过程。

设备：条码模块；一台带有 USB 接口、装有编码设计软件（例如 Label mx）、运行环境为 Windows7 以上的 PC 机。

具体可以按照以下四步进行不同码的编码和打印（例如使用 Code128 码编码打印 aicuicui 的条码；使用 UpcA 码编码打印 4295faicoo；使用 Code93 码编码打印 gialgnv525）。

第一步，点击软件"条码"选项中的"一维码编码"选项，如图 3 – 8 所示。

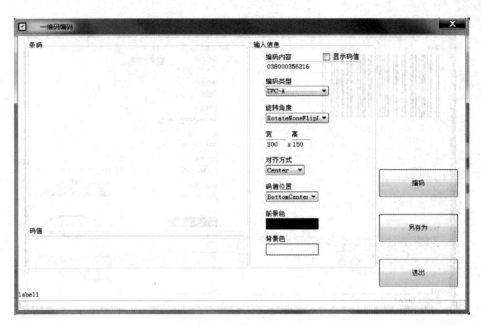

图 3 - 8　条码编辑选项示意

第二步，在"编码内容"文本框中输入长度为 11 或 12 位的数据，点击"编码"按钮即可，如图 3 - 9 所示。

图 3 - 9　编码结果示意

第三步，编码成功后，可点击"另存为"保存已编好的条码，如图 3 - 10 所示。

图 3 – 10　保存条码示意

第四步，按照上述方式对表 3 – 5 所示的条码进行编码并打印。

表 3 – 5　　　　　　　　　　　　条码编码实验

序号	需编码的条码	码制标准选择
1	cl – 0327 – 1117	Code128
2	0123456789	Code128
3	7464378643857	Ean13
4	0123456789000000000	UCC · EAN
5	01234567890	UPC – A

3.3.2 EAN·UCC 标准体系编码

目的：在综合运用物流分类编码技术和条码技术的基础上，结合立体仓库实际情况，为仓库中物品和储运单元（包括托盘和周转箱）设计相应的编码方案，并制作符合 EAN·UCC 标准的条码标签；进一步体会 EAN·UCC 标准体系结构；掌握条码的编码及制作方法，并学会使用条码识读设备扫描条码。

内容：EAN·UCC 码设计，根据 EAN·UCC 标准的有关规定，分别为货物、托盘、周转箱和各种应用确定编码方案。编码时应当注意：①区分贸易项目与储运单元，采用的是完全不同的编码标准；②对于贸易项目需要考虑零售贸易项目或者非零售贸易项目的问题；③零售贸易项目需要进一步确定是定量贸易项目还是变量贸易项目；④如果是非零售中的定量贸易项目，还要区分单个包装或多个包装等级；⑤对于储运单元，则需要考虑标签是否需要附加信息，如何选择附加信息的应用表示符（AI）。

编码时需要：①确定是贸易项目单元还是储运单元或其他；②考虑贸易项目是属于零售还是非零售，变量还是定量、包装等级，储运单元是否需要附加信息，选择附加信息标识符；③选择编码结构；④按编码结构进行编码，制作商品条码三张、托盘条码一张、周转箱条码一张。实验主要参数如表 3 - 6 所示。

表 3 - 6　　　　　　　　　　　　实验主要参数

颜色	数量	长（cm）	宽（cm）	高（cm）	重量（kg）
红	150	22	16	22	3
黄	150	22	16	22	3
灰	150	22	16	22	3
托盘	200	120	80	16	100
周转箱	180	40	30	28	20

设备：条码模块；一台带有 USB 接口、装有编码设计软件（例如 Label mx）、运行环境为 Windows7 以上的 PC 机。

操作步骤如下。

第一步，制作三张商品条码。

要求制作的三张条码属于零售定量贸易项目，由表 3 - 7 选择全球贸易项目代码

（GTIN）的 EAN/UCC－13 代码表示。它由 13 位数字组成，分别是：厂商识别代码（前缀码＋厂商代码）、商品项目代码、校验码。其中，前缀码由 2～3 位数字组成，是 EAN 分配给国家（或地区）编码组织的代码；厂商识别代码由 7～9 位数字组成，由物品编码中心负责分配和管理；商品项目代码由 3～5 位数字组成，由厂商负责编制，一般为流水号形式；校验码为 1 位数字，由一定的数学计算方法计算得到，厂商对商品项目编码时不必计算校验码的值，而由制作条码的原版胶片或打印条码符号的设备自动生成。

表 3－7　　　　　　　　　　　EAN/UCC－13 编码结构

厂商识别代码	商品项目代码	校验码
N1，N2，…，N7	N8，N9，…，N12	N13

EAN 分配给中国的前缀码为 690～695，现设厂商识别代码为 12345，商品有红、黄、灰三种，规格相同，设 0001 为红色，0002 为黄色，0003 为灰色。如图 3－11 所示，三张商品条码分别为：690123450001X，690123450002X，690123450003X。X 为校验码：1（红色）、8（黄色）、5（灰色）。

图 3－11　三种不同的条码示意

第二步，制作托盘条码/周转箱条码。

托盘条码/周转箱条码属于储运单元，选用系列货运包装箱代码（SSCC）的 UCC/EAN－128 代码表示。SSCC 编码结构如表 3－8 所示，由 18 位数组成。AI：应用标识符。扩展位由厂商分配。厂商识别代码：物品编码中心分配。系列代码：由厂商分配的一个系列号，一般为流水号。校验码：由制作条码的原版胶片或者打印条码符号的设备自动生成。

表 3－8　　　　　　　　　　　SSCC 编码结构

AI	扩展位	厂商识别代码	系列代码	校验码
00	N1	N2，N3，…，N6	N9，N10，…，N17	N18

系列货运包装箱代码应用标识符 AI 为"00"，设"0"为托盘条码扩展位，"1"

为周转箱条码扩展位，厂商识别代码设为1234567，系列代码为：000000001，所以托盘条码为：（00）01234567000000001X，周转箱条码为：（00）1123456700000000
01X。X 为检验码：5（托盘），2（周转箱），制作出的条码如图3 – 12 所示。

图3 – 12　制作出的条码示意

第三步，条码打印。

对上述制作出的条码进行打印（参见条码打印）。

第四步，条码识别。

对打印的条码进行识别（参见条码扫描识别）。

3.3.3　条码打印机安装使用

目的：掌握条码打印机安装方法；了解条码打印机的简单使用方法。

内容：条码打印机安装与检验的方法；条码打印机的简单使用方法。

条码打印机俗称打码机，主要有热敏式打印机和热转印式打印机两种。热敏式打印和热转印式打印是两种互为补充的技术，现在市场上绝大多数条码打印机都兼容热敏和热转印两种工作方式。两者的工作原理基本相似，都是通过加热方式进行打印。

（1）热敏式条码打印机。

在热敏打印中，印制的对象是热敏纸，它是在普通纸上覆盖一层透明的薄膜，此薄膜在常温下不会发生任何变化，而随着温度的升高，薄膜层会发生化学反应，颜色由透明变成黑色，在200℃以上高温这种反应会在几十微秒中完成。

（2）热转印式条码打印机。

热转印打印技术克服了热敏打印机的局限。热转印技术是热传递理论与烫印技术相结合的产物，在打印头控制这一方面与热敏打印技术基本相似，只是与热敏片接触的对象换成了热转印色带，或称为碳带。在根据这种技术制造的热转印条码打印机中，最常见的是所谓"熔解型"的热转印条码打印机。

注：本实验以北洋打印机为例进行说明。

与条码打印相关的还有条码制作耗材：碳带与标签。

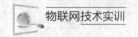

（1）碳带。

碳带主要有树脂基碳带、蜡基碳带和混合基碳带三种。碳带的选择要依据标签的材料。标签纸张按表面光泽度分为高光纸、半高光纸和哑光纸。通常，打印高光纸采用树脂增强型蜡基碳带或混合基碳带（R310和R410）；半高光纸可用树脂增强型蜡基碳带和一般蜡基碳带（R310和R313）；而哑光纸只能用R313来打印。复合材料的面纸强度大、美观，对环境的适用范围广，对碳带的要求也高，主要用混合基碳带和树脂基碳带。如要求防摩擦，可以使用R410；如要求防腐蚀和抗高温，就要使用R510，这时的面纸只能用PET（180℃）和POLYIMIDE（300℃）两种材料。以上说的只是一般情况，为了得到满意的打印效果，应该根据各自的情况多次实验，才能找到合适的碳带。

碳带主要技术参数：使用环境：5℃～35℃，45%～85%的相对湿度；运输环境：-5℃～45℃，20%～85%的相对湿度，时间不多于一个月；存放环境：-5℃～40℃，20%～85%的相对湿度，不能多于一年；打印浓度：1.3、1.8、1.9、2.0；打印速度：50mm/s、100mm/s、200mm/s、250mm/s、300mm/s；带基厚度：5μm、6μm；碳带规格：基本宽度（mm）包括40、50、60、70、80、90、110；基本长度（m）包括100、300；碳带卷向：碳面朝外、碳面朝内；碳带轴心：1in（2.54cm）、1/2in（1.27cm）；注意：将碳带直接暴露在阳光和潮湿的环境下将对碳带造成损坏。

（2）标签。

目前，条码打印机行业应用较多的是不干胶标签。不干胶标签由离型纸、面纸及将两者粘合的黏胶剂三部分组成。离型纸俗称"底纸"，表面呈油性，底纸对黏胶剂具有隔离作用，所以用其作为面纸的附着体，以保证面纸能够很容易从底纸上剥离下来。底纸分为普通底纸和哥拉辛（GLASSINE）底纸，普通底纸质地粗糙，厚度较大，其颜色有黄色、白色等，一般印刷行业常用的不干胶纸为经济的黄底纸。哥拉辛（GLASSINE）底纸质地致密，均匀，有很好的内部强度和透光度，是制作条码标签的常用材料。其常用颜色有蓝色、白色。面纸是标签打印内容的承载体，按其材质分为铜版纸、热敏纸、PET（聚对苯二甲酸乙二醇酯）、PVC（聚氯乙烯）等几类。铜版纸虽叫铜版，但表面是一层合成材料的光膜，其厚度一般为70μm，每平方米质量80g左右，广泛应用于超市、库存管理、服装吊牌、工业生产流水线等。PET聚酯薄膜高级标签纸具有更好的硬脆性，其颜色常见的有亚银、亚白、亮白等几种。厚度有25μm、50μm、75μm等规格，这与厂家的实际需求有关。PET具有优良的介质性能，具有良好的防污、防刮擦、耐高温等性能，被广泛应用于多种特殊场合，如手机电池、电脑显示器、空调压缩机等。另外，PET 纸具有较好的天然可降解性，已日益引起生产厂家的重视。PVC 乙烯基高级标签纸常见的颜色有亚白色、珍珠白色。它与 PET 性能接近，具备良好的柔韧性，手感绵软，常被应用于珠宝、首饰、钟表、电子业、金属业等一些高档场合。PVC 的降解性较差。热敏纸是经高热敏性热涂层处理的纸质材料，也可以用于打印条码标签。热敏纸按温度可分为高敏纸和低敏纸，高敏低温纸用指甲用力在纸上划过，会留下一道色痕；邮政挂号信用的标签是低敏高温纸，太阳下也晒不黑。热敏纸适用于冷库、冷柜等货架签，其尺寸大多以 40mm × 60mm 为主。

设备：一台带有 USB 接口、装有编码设计软件（例如 Label mx）、运行环境为 Windows7 以上的 PC 机、BTP – L42 标签打印机及主要配件、打印机所需驱动安装程序。

操作步骤如下。

第一步，安装打印机及其线缆（本实验以北洋 BTP – L42 为例，详情请参照BTP – L42 用户手册）。

第二步，启动打印机电源，将驱动盘放置在光驱中心进行 USB 驱动安装，如图3 – 13 所示。

图 3 – 13　驱动安装

第三步，利用驱动盘进行标签软件 BYLabel 的安装，如图 3 – 14 所示。

图 3 – 14　软件安装

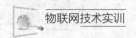

第四步，打开 BYLabel 软件，在打印设置选项中进行 USB 接口设置，如图 3-15所示。

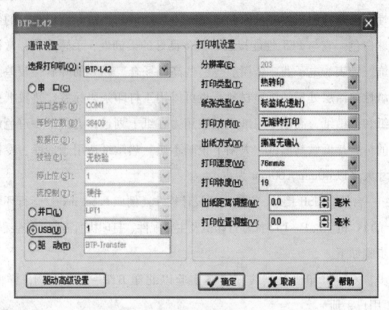

图 3-15　USB 设置

第五步，在软件中设计要打印的条码，如图 3-16 所示，打印条码，如图3-17 所示。

图 3-16　条码打印设置

图 3-17　打印条码示意

3.3.4　条码识别

目的：了解条码识别基本原理，形成对条码识别的一定理论认识；掌握利用条码识别设备进行条码识别；掌握条码扫描和制作条码的技巧，为应用条码技术奠定基础，掌握条码打印机安装方法；了解条码打印机的简单使用方法。

内容：了解条码扫描仪的简单使用方法；使用条码枪读取条码并记录。

设备：一台带有 USB 接口、装有物流信息技术与信息管理实验硬件与软件、平台（LogisTechBase.exe）软件、运行环境为 Windows7 以上的 PC 机，带一维码/二维码的物品。

步骤（一维码）如下。

第一步，点击软件"条码"选项中的"一维码读取"选项，打开操作界面，如图 3-18 所示。

第二步，点击"打开"按钮，在"模式选择"选项框中可以选择条码识别的模式，操作界面如图 3-19 所示。

第三步，选择"手动模式"，按条码采集模块上的黑色按钮即可读取条码，如图 3-20 所示。

第四步，识读模式选择。识读模式分为间歇识读、自动识读、连续识读、感应识读和延迟式感应识读模式。选择"间歇识读"，左下角"操作日志"文本框提示"进入设置模式设置成功"，此时表示进入该模式，可间歇识读条码，操作界面如图

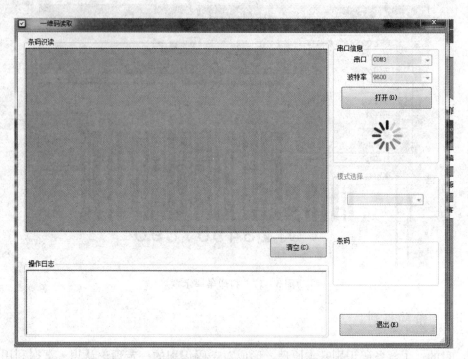

图 3 – 18 读取实验示意

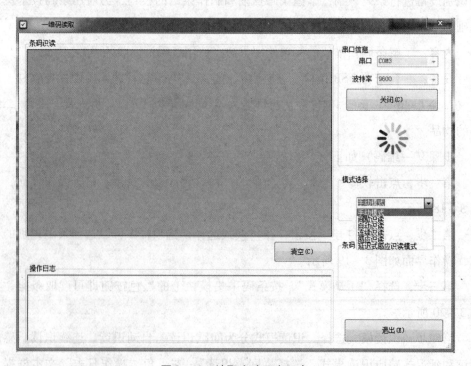

图 3 – 19 读取实验开启示意

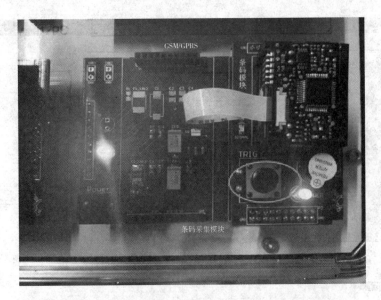

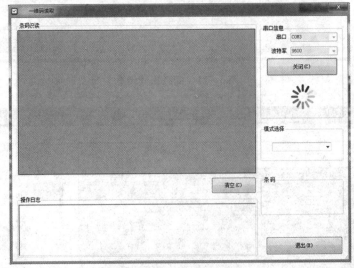

图 3 - 20 手动模式示意

3 -21 所示。选择"自动识读"，左下角"操作日志"文本框提示"进入设置模式设置成功"，此时表示进入该模式，当有条码置于扫描仪前时自动识读条码，操作界面如图 3 -22 所示。选择"连续识读"，左下角"操作日志"文本框提示"进入设置模式设置成功"，此时表示进入该模式，可连续识读条码，操作界面如图 3 -23 所示。选择"感应识读"，左下角"操作日志"文本框提示"进入设置模式设置成功"，此时表示进入该模式，当有物品置于扫描仪前时自动识读条码，操作界面如图 3 -24 所示。选择"延迟式感应识读模式"，左下角"操作日志"文本框提示

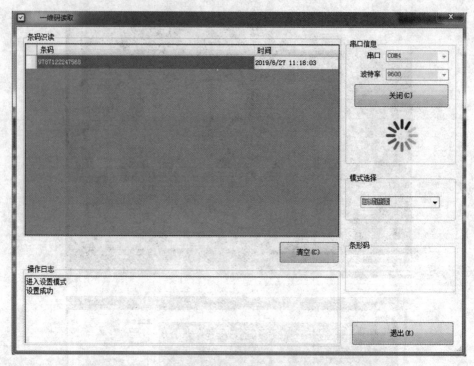

图 3 – 21　间歇识读示意

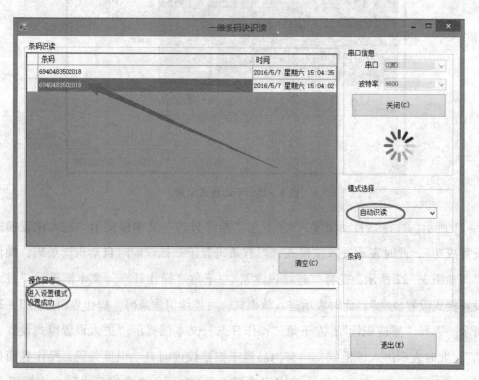

图 3 – 22　自动识读示意

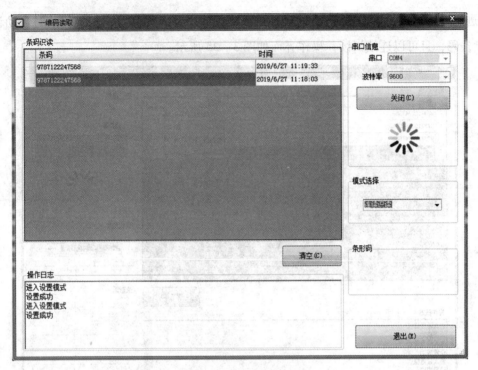

图 3 – 23　连续识读示意

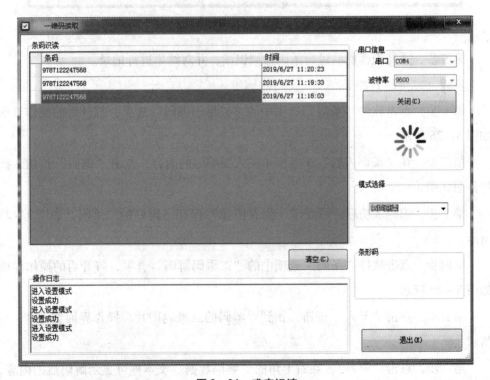

图 3 – 24　感应识读

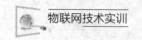

"进入设置模式设置成功"，此时表示进入该模式，当有物品置于扫描仪前时自动识读条码，且可以连续识读，操作界面如图3-25所示。

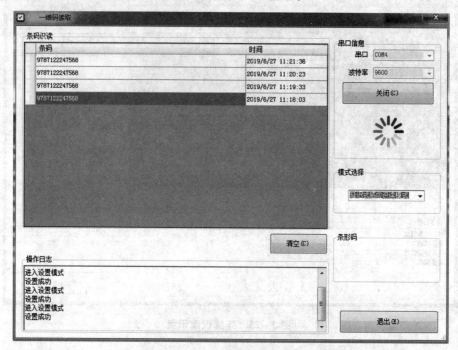

图3-25　延迟式感应识读

第五步，选择识读物品进行条码扫描识读，并对结果进行记录。

步骤（二维码）如下。

第一步，点击软件"条码"选项中的"二维码编码"选项，打开后的操作界面如图3-26所示。

第二步，在"编码内容"文本框中输入要编码的内容，点击"编码"按钮，操作界面如图3-27所示。

第三步，编码成功后，可点击"保存图像"保存已编好的二维码，如图3-28所示。

第四步，点击软件"条码"选项中的"二维码解码"选项，打开后的操作界面如图3-29所示。

第五步，点击"导入"按钮，找到要解码的二维码图片，操作界面如图3-30所示。

第六步，点击"解码"，在右上角的"解码数据"文本框可显示解码后的内容，操作页面如图3-31所示。

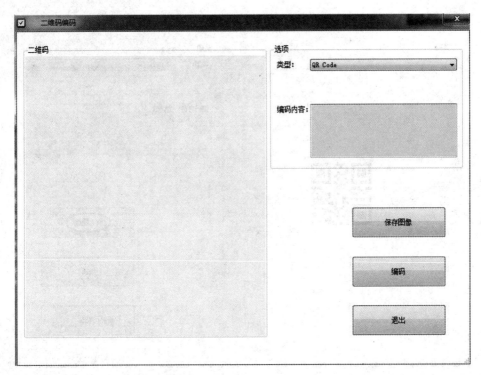

图 3 – 26 二维条码编码开启

图 3 – 27 二维条码操作

图 3 - 28　二维码编码保存

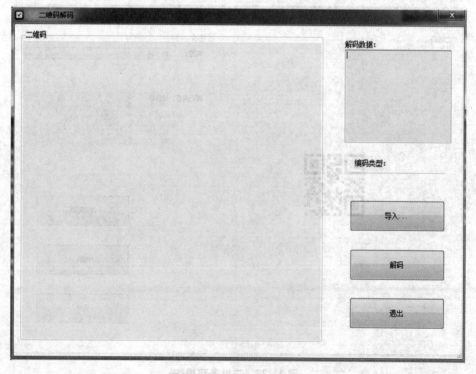

图 3 - 29　二维码解码开启

图 3 - 30　二维码解码导入

图 3 - 31　二维码解码

4 低频 RFID

低频（LF）RFID 系统的工作频率为 30～300kHz，采用电磁感应方式进行通信。低频信号穿透性好，抗金属和液体干扰能力强，但难以屏蔽外界的低频干扰信号。一般来说，低频 RFID 标签读取距离短于 10cm，读取距离同标签的大小成正比。低频 RFID 标签一般在出厂时就初始化好了不可更改的编码。当前一些低频标签也增加了写入和防碰撞功能。低频标签主要应用在动物追踪与识别、门禁管理、汽车流通管理、POS 系统和其他封闭式追踪系统中。

本章使学生能够理解低频 RFID 技术理论知识，理解低频 RFID 系统组成，通信协议，对低频 RFID 系统构成、工作过程、应用有更深认识，掌握低频读写器的使用方法；掌握读写器的连接和断开过程。低频 RFID 实训模块也主要由电子标签、读写器和上层管理系统组成。

4.1 低频 RFID 硬件设计

低频 RFID 模块主要由射频读写单元和周边组件构成。射频读写单元选用 BRF300。

4.1.1 BRF300 射频模块

BRF300 射频读卡器工作频率 125kHz，支持 BCD、HEX 两种输出格式，除此之外，同时支持 PS/2、RS232 通信接口，PS/2 通信，输出卡号为 PS/2 模式，以回车符 + 换行符结束；RS232 串口通信输出卡号 ASCII 代码，以回车符 + 换行符结束。这两类不同的通信方式也为该读卡器的可编程性与可扩展性提供了保障。BRF300 射频读卡器整体的结构如图 4 – 1 所示，工作特性如表 4 – 1 所示。具体引脚分布如

图 4 – 2 所示，各引脚定义如表 4 – 2 所示。

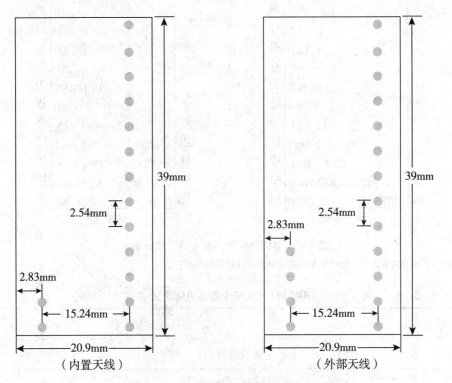

图 4 – 1　BRF300 射频读卡器结构框图

表 4 – 1　　　　　　　　　　　**BRF300 射频读卡器工作特性**

名　称	特　性
工作电压	5VDC（±5%）
工作电流	30mA
内存	125KB
读写距离	0～5cm
接口	RS232（TTL），PS/2
传送速率	9600BPS
工作温度	−20℃～60℃

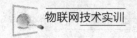

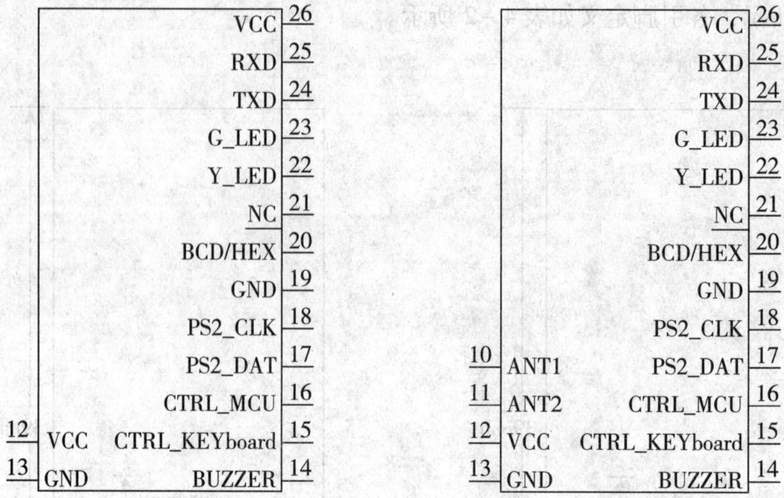

图中左侧（内置天线）：

```
          VCC    26
          RXD    25
          TXD    24
        G_LED    23
        Y_LED    22
           NC    21
      BCD/HEX    20
          GND    19
      PS2_CLK    18
      PS2_DAT    17
     CTRL_MCU    16
12  VCC  CTRL_KEYboard  15
13  GND         BUZZER  14
        （内置天线）
```

图中右侧（外部天线）：

```
              VCC    26
              RXD    25
              TXD    24
            G_LED    23
            Y_LED    22
               NC    21
          BCD/HEX    20
              GND    19
          PS2_CLK    18
10  ANT1     PS2_DAT    17
11  ANT2    CTRL_MCU    16
12  VCC  CTRL_KEYboard  15
13  GND           BUZZER  14
        （外部天线）
```

图 4 - 2　BRF300 射频读卡器引脚分布

注：标准是内置天线，请指定是否需要外部天线读取器模块。

表 4 - 2　　　　　　　　　　　BRF300 射频读卡器各引脚定义

序号	名称	功　能
1	ANT1	天线（接口）
2	ANT2	天线（接口）
3	VCC	+5V 电源供电
4	GND	接地
5	BUZZER	蜂鸣器
6	CTRL – KEYboard	使能键（PS/2），低逻辑有效
7	CTRL – MCU	使能 125K 模块（PS/2），低逻辑有效
8	PS2 – DATA	数据接口
9	PS2 – CLK	时钟接口
10	GND	接地
11	BCD/HEX	高逻辑：BCD 输出；低逻辑：十六进制输出
12	NC	
13	Y – LED	黄色 LED

序号	名称	功　能
14	G – LED	绿色 LED
15	TXD	125K 内存模块的 TTL 输出
16	RXD	125K 内存模块的 TTL 输入
17	VCC	5V 供电

4.1.2　串口通信

RS – 232 – C 接口（又称 EIA – RS – 232 – C）是目前最常用的一种串行通信接口。它适合于数据传输速率在 0 ~ 20000b/s 范围内的通信。这个标准对串行通信接口的信号线功能、电气特性都做了明确规定。由于通信设备厂商都生产与 RS – 232 – C 制式兼容的通信设备，因此，它作为一种标准，目前已在微机通信接口中广泛采用。

MAX232 是一种双组驱动器/接收器，包含 4 个部分：双路电荷泵 DC – DC 电压转换器、RS – 232 接收器，以及接收器与发送器是使能控制输入。如图 4 – 3 所示。

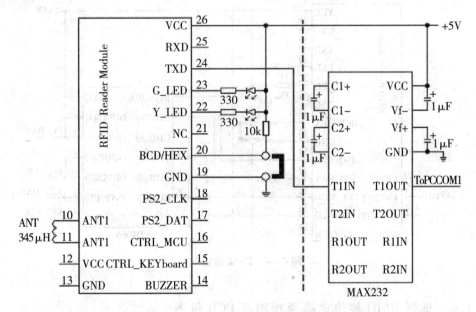

图 4 – 3　RS232 与 BRF300 接口电路图

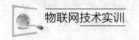

4.1.3 PS/2 通信

PS/2 通信协议是一种双向同步串行通信协议。通信的两端通过 Clock（时钟脚）同步，并通过 Data（数据脚）交换数据。任何一方如果想抑制另外一方通信时，只需要把 Clock（时钟脚）拉到低电平。如果是 PC 机和 PS/2 键盘间的通信，则 PC 机必须做主机，即 PC 机可以抑制 PS/2 键盘发送数据，而 PS/2 键盘则不会抑制 PC 机发送数据。一般两设备间传输数据的最大时钟频率是 33kHz，大多数 PS/2 设备工作在 10k ~ 20kHz。推荐值为 15kHz 左右，也就是说，Clock（时钟脚）高、低电平的持续时间都为 40μs。

CD4066 是四双向模拟开关，主要用作模拟或数字信号的多路传输。CD4066 的每个封装内部有 4 个独立的模拟开关，每个模拟开关有输入、输出、控制 3 个端子，其中输入端和输出端可互换。当控制端加高电平时，开关导通；当控制端加低电平时开关截止。模拟开关导通时，导通电阻为几十欧姆；模拟开关截止时，呈现很高的阻抗，可以看成开路。模拟开关可传输数字信号和模拟信号，可传输的模拟信号的上限频率为 40MHz。各开关间的串扰很小，典型值为 − 50dB。射频模块与CD4066 实现 PS/2 通信电路如图 4 − 4 所示。

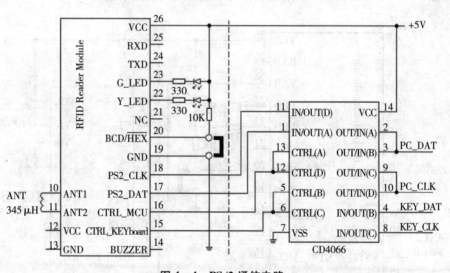

图 4 − 4　PS/2 通信电路

4.1.4 低频 RFID 模块电路原理图及 PCB 板图

低频 RFID 模块电路原理图，如图 4 − 5 所示。

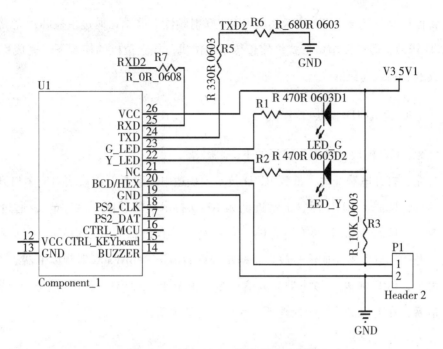

图 4 – 5 低频 **RFID** 模块电路原理图

低频 RFID 模块 PCB 板图，如图 4 – 6 所示。

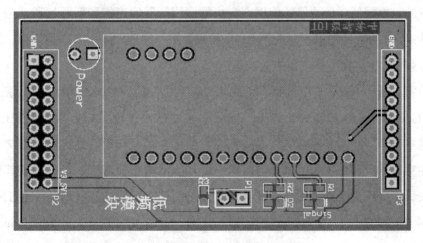

图 4 – 6 低频 **RFID** 模块 **PCB** 板图

4.2 低频 RFID 工作原理及流程

4.2.1 低频 RFID 模块工作原理

低频技术模块中使用了一个单电源供电的运算放大器完成接收信号的放大功能，

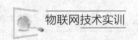

随后将该信号发送至 RFID 技术模块 BRF300 射频读卡器中，通过主控芯片完成信号的 A/D 转换，最终以串口形式将信息传至上位机，在上位机的控制下，完成标签信息的读取、写入与删除。

4.2.2　低频 RFID 模块工作流程

低频 RFID 模块具体工作流程如下。

首先，打开电源开关，低频 RFID 技术模块通电，再打开该模块对应串口开关。

其次，取低频 RFID 标签，贴近低频 RFID 技术模块线圈（≤7cm），通过电感耦合效应，低频 RFID 标签充电完成，向外发射带有信息的载波信号，阅读器收取电波，经运算放大器完成信号放大，初步处理后传送至 BRF300 射频读卡器。

再次，BRF300 射频读卡器完成信息的 A/D 转换，以串口形式发送至上位机。

最后，在上位机软件的处理下，完成信息的解析。

4.3　低频 RFID 模块操作实训

目的：掌握低频读写器的使用方法；掌握读写器的连接和断开过程。进一步理解低频 RFID 的理论知识；对低频 RFID 构成、工作原理及应用有直观认识，进一步掌握低频 RFID 在物联网应用中的技巧。

内容：低频 RFID 工作过程，低频 RFID 工作性能及性能影响主要因素。低频 RFID 的工作频率为 125k～135kHz，该频率主要是通过电感耦合的方式进行工作，也就是在读写器线圈和感应器线圈间存在着变压器耦合作用。通过读写器交变场的作用在感应器天线中感应的电压被整流，可作供电电压使用。磁场区域能够很好地被定义，但是场强下降得太快。其特点有：①工作在低频的感应器的一般工作频率为 120k～134kHz，TI 的工作频率为 133.2kHz。该频段的波长大约为 2500m。②除了金属材料影响外，一般低频能够穿过任意材料的物品而不降低它的读取距离。③工作在低频的读写器存在许可限制。④低频率的磁场区域下降很快，但是能够产生相对均匀的读写区域。⑤低频段数据传输速率比较慢。

设备：低频 RFID 模块；一台带有 USB 接口、装有物流信息技术与信息管理实验平台软件（LogisTechBase. exe）、运行环境为 Windows7 以上的 PC 机、低频 RFID 标签。

操作步骤如下。

第一步，连接实验箱和上位机之间的串口线，开启实验箱电源，将串口开关置于低频 RFID 模块上。

第二步，开启低频 RFID 电源，开启软件物流信息技术与信息管理实验平台（LogisTechBase. exe）中的低频 RFID 实验，打开后界面如图 4 – 7 所示。

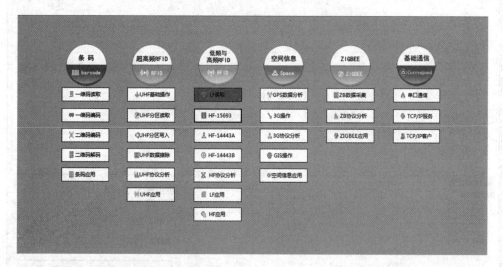

图 4 – 7　低频 RFID 界面及信息读取

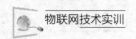

第三步，点击"打开"按钮，进行读取操作。图4-8为已成功读取到的标签，按时间顺序排列。

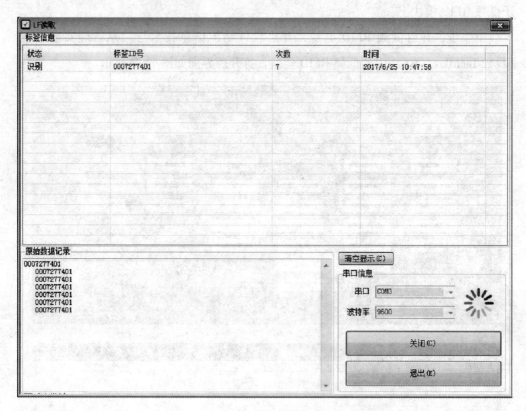

图4-8 读取标签示意

5 高频 RFID

高频（HF）RFID 的工作频率为 3M～30MHz，射频识别常见的高频工作频率是 6.75MHz、13.56MHz 和 27.125MHz。高频 RFID 系统也采用电磁感应方式来进行通信，具有良好的抗金属与液体干扰的性能，读取距离大多在 1 米以内。高频 RFID 标签是 RFID 领域中应用最广泛的，如证、卡、票领域（二代身份证、公交卡、门票等）。其他的应用还包括：供应链的个别物品追踪、门禁管理、图书馆、医药产业、智能货架等。高频的电子标签按照 ISO 协议可以进行细分。

本章能够使学生了解三种高频电子标签 ISO 14443A、ISO 14443B 和 ISO 15693 协议原理；了解三种协议标签的读取及特点；了解高频 RFID 系统天线的形式，以及传输效率与工作频率的关系；掌握使用硬件平台读取高频标签的方法；掌握高频 RFID 底层通信协议操作，进行高频 RFID 的硬件设计、原理分析及实训操作。

5.1 高频 RFID 硬件设计

高频 RFID 模块主要由控制单元、射频模块和外围电路构成。控制单元选用 TI 的 MSP430 单片机，射频模块的主控芯片为 TRF7960。

5.1.1 MSP430 单片机

MSP430 系列单片机是 TI 公司的一个超低功耗的单片机品种。MSP430 系列的 CPU 采用 16 位精简指令系统，集成有 16 位寄存器和常数发生器，发挥了最高的代码效率。其采用数字控制振荡器 DCO 使得从低功耗模式到唤醒模式转换时间小于 6μs。其中 MSP430X41X 系列微控制器设计有一个 16 位定时器，一个比较器，适用于该种芯片的 96 段 LCD 驱动器和 48 个通用 I/O 引脚。该系列芯片的典型应

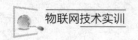

用是捕获传感器的模拟信号转换为数据加以处理后发送到主机。

MSP430F23X0 系列单片机原理框图如图 5 - 1 所示。MSP430F23X0 系列单片机空间分布如图 5 - 2 所示。

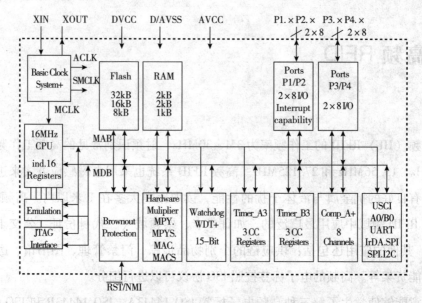

图 5 - 1　MSP430F23X0 系列单片机原理框图

地址		功能	寻址
	7　　　　　　　0		
0FFFFh	中断向量表	ROM	字/字节
0FFE0h			
0FFDFh	程序存储器 跳转控制表 数据表等	ROM	1~60K 字/字节
	数据存储器	RAM	128B~2K 字/字节
0200h			
01FFh	16位外围模块	Timer, ADC等	字
0100h			
0FFh	8位外围模块	I/O，LCD, 定时器/端口 等	字节
010h			
0Fh	特殊功能寄存器	SFR	字节
0h			

图 5 - 2　MSP430F23X0 系列单片机空间分布

高频 RFID 模块采用的是 MSP430F23X0 RHA 封装形式的 MSP430F2370 单片机，该封装形式共 40 个引脚，引脚分布如图 5 - 3 所示，引脚定义如表 5 - 1 所示（具体参数可参见 TI 的用户使用手册）。

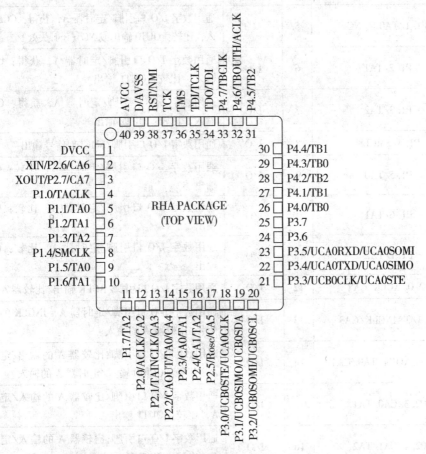

图 5 - 3　MSP430F2370 引脚分布

表 5 - 1　　　　　　　　　　　MSP430F2370 引脚定义

终端名称	序号	I/O 功能	描述（中文）
DVCC	1	O	数字电压供电，正极终端。为所有的数字部分供电
XIN/P2. 6/CA6	2	I/O	晶振输入终端/通用数字 I/O 口引脚/比较器 A 的输入
XOUT/P2. 7/CA7	3	I/O	晶振输出终端/通用数字 I/O 口引脚/比较器 A 的输入

终端名称	序号	I/O 功能	描述（中文）
P1. 0/TACLK	4	I/O	通用数字 I/O 口引脚/定时器 A，时钟信号 TACLK 的输入
P1. 1/TA0 或 NC	5	I/O	通用数字 I/O 口引脚/定时器 A，获得：CCI0A 输入，比较：OUT0 输出或 NC（BSL 失效）
P1. 2/TA1	6	I/O	通用数字 I/O 口引脚/定时器 A，获得：CCI1A 输入，比较：OUT1 输出
P1. 3/TA2	7	I/O	通用数字 I/O 口引脚/定时器 A，获得：CCI2A 输入，比较：OUT2 输出
P1. 4/SMCLK	8	I/O	通用数字 I/O 口引脚/SMCLK 信号输出
P1. 5/TA0	9	I/O	通用数字 I/O 口引脚/定时器 A，比较：OUT0 输出
P1. 6/TA1	10	I/O	通用数字 I/O 口引脚/定时器 A，比较：OUT1 输出
P1. 7/TA2	11	I/O	通用数字 I/O 口引脚/定时器 A，比较：OUT2 输出
P2. 0/ACLK/CA2	12	I/O	通用数字 I/O 口引脚/ACLK 输出/比较器 A 输入
P2. 1/TAINCLK/CA3	13	I/O	通用数字 I/O 口引脚/定时器 A，INCLK 的时钟信号/比较器 A 的输入
P2. 2/CAOUT/TA0/CA4	14	I/O	通用数字 I/O 口引脚/比较器 A 的输出/定时器 A，获得：CCI0B 输入/定时器 A 的输入
P2. 3/CA0/TA1	15	I/O	通用数字 I/O 口引脚/比较器 A 的输入/定时器 A，比较：OUT1 输出
P2. 4/CA1/TA2	16	I/O	通用数字 I/O 口引脚/比较器 A 的输入/定时器 A，比较：OUT2 输出
P2. 5/Rosc/CA5	17	I/O	通用数字 I/O 口引脚/外接电阻的输入定义 DCO 额定频率/比较器 A 的输入
P3. 0/UCB0STE/UCA0CLK	18	I/O	通用数字 I/O 口引脚/USCIB0 从变送器使能端/USCIA0 时钟输入/输出
P3. 1/UCB0SIMO/UCB0SDA	19	I/O	通用数字 I/O 口引脚/USCIB0 在 SPI 总线模式下从控输入/主控输出，I2C 总线模式下串行 I2C 数据
P3. 2/UCB0SOMI/UCB0SCL	20	I/O	通用数字 I/O 口引脚/USCIB0 在 SPI 总线模式下从控输出/主控输入，I2C 总线模式下串行 I2C 时钟

终端名称	序号	I/O 功能	描述（中文）
P3.3/UCB0CLK/UCA0STE	21	I/O	通用数字 I/O 口引脚/USCIB0 时钟输入/输出，USCIA0 从变送器使能
P3.4/UCA0TXD/UCA0SIMO	22	I/O	通用数字 I/O 口引脚/在 UART 模式下 USCIA0 变送器数据输出，在 SPI 模式下从数据输入/主控输出
P3.5/UCA0RXD/UCA0SOMI	23	I/O	通用数字 I/O 口引脚/在 UART 模式下 USCIA0 接收数据输入，在 SPI 模式下从数据输出/主控输入
P3.6	24	I/O	通用数字 I/O 口引脚
P3.7	25	I/O	通用数字 I/O 口引脚
P4.0/TB0	26	I/O	通用数字 I/O 口引脚/定时器 B，获得：DDI0A 输入，比较：OUT0 输出
P4.1/TB1	27	I/O	通用数字 I/O 口引脚/定时器 B，获得：DDI1A 输入，比较：OUT1 输出
P4.2/TB2	28	I/O	通用数字 I/O 口引脚/定时器 B，获得：DDI2A 输入，比较：OUT2 输出
P4.3/TB0	29	I/O	通用数字 I/O 口引脚/定时器 B，获得：DDI0B 输入，比较：OUT0 输出
P4.4/TB1	30	I/O	通用数字 I/O 口引脚/定时器 B，获得：DDI1B 输入，比较：OUT1 输出
P4.5/TB2	31	I/O	通用数字 I/O 口引脚/定时器 B，比较：OUT2 输出
P4.6/TBOUTH/ACLK	32	I/O	通用数字 I/O 口引脚/将所有的 PWM 数字输出转换成高阻抗 – 定时器 B3：TB0 到 TB2/ACLK 输出
P4.7/TBCLK	33	I/O	通用数字 I/O 口引脚/定时器 B3 的输入时钟 TB-CLK
TDO/TDI	34	I/O	数据输出检验端口。TDO/TDI 数据输出或变成数据输入终端
TDI/TCLK	35	I	检验数据输入或检验时钟输入。设备保险丝与 TDI/TCLK 连接
TMS	36	I	检验模式选择。TMS 用作设备变成和检验的输入端口

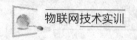

终端名称	序号	I/O 功能	描述（中文）
TCK	37	I	测试时钟。TCK 是芯片测试启动时的时钟输入端口
RST/NMI	38	I	复位输入，不可屏蔽中断输入端口
D/AVSS	39	O	模拟供电电源负端，只为 ADC 或 DAC 的模拟部分供电
AVCC	40	O	模拟供电电源正端，只为 ADC 或 DAC 的模拟部分供电

　　MSP430 单片机的工作模式除正常的工作模式外，MSP430 单片机仍支持五种不同的低功耗模式：①CPU 停止工作，外围模块继续工作，ACLK 和 SMCLK 有效，MCLK 的环路控制有效；②CPU 停止工作，外围模块继续工作，ACLK 和 SMCLK 有效，MCLK 的环路控制无效；③CPU 停止工作，外围模块继续工作，ACLK 有效，SMCLK 和 MCLK 的环路控制无效；④CPU 停止工作，外围模块继续工作，ACLK 有效，SMCLK 和 MCLK 的环路控制无效且数字控制振荡器（DCO）的 DC 发生器关闭；⑤CPU 停止工作，外围模块继续工作（如果提供外部时钟），ACLK 信号被禁止（晶体振荡器停止工作），SMCLK 和 MCLK 的环路控制无效且数字控制振荡器（DCO）的 DC 发生器关闭。

5.1.2　TRF7960

　　TRF7960 是 TI 公司推出的高频（13.56MHz）多标准射频识别阅读器系列产品之一。TRF7960 采用超小 32 – pin QFN 的高级封装设计，支持 ISO/IEC 14443A/B、ISO/IEC 15693、ISO/IEC 18000 – 3 等 RFID 通信协议，以及 TI 公司的非接触支付商务与 Tag – It 应答器系列产品。采用 TRF7960 的读卡器为微控制器提供了内部时钟，只需 1 个 13.56MHz 的晶振就能工作，从而有助于降低终端读卡器产品的总物料单成本。由于组件很少，读卡器 IC 耗电、占用的空间也很少，因此可以解决敏感度和噪声衰减问题。其他集成功能还包括故障检查、数据格式化、成帧以及适合多读卡器环境的防碰撞支持等。TRF7960 与微控制器之间通信可以使用 8 位并行或者串行（SPI）的灵活的通信方式。该芯片还具有宽泛的操作电压（2.7 ~ 3.5V）。TRF7960 非常适用于安全访问控制、产品认证以及非接触支付系统等应用。在高频 RFID 模块中采用的封装形式共 32 个引脚，引脚分布如图 5 – 4 所示，引脚定义及电气特性可参见 TRF7960 用户手册。

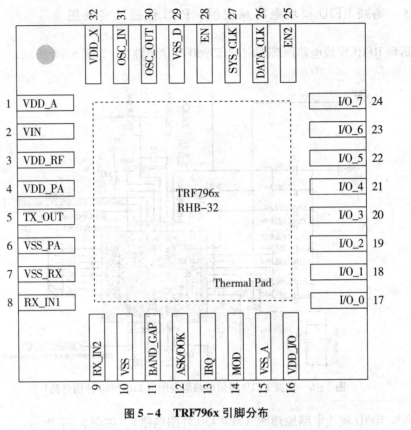

图 5 - 4   TRF796x 引脚分布

在高频 RFID 模块中，TRF7960 负责不同码制的 RFID 标签信息的读取，单片机 MSP430 负责将采集到的信息进行处理，单片机 MSP430 与 TRF7960 的整体连接示意如图 5 - 5 所示。

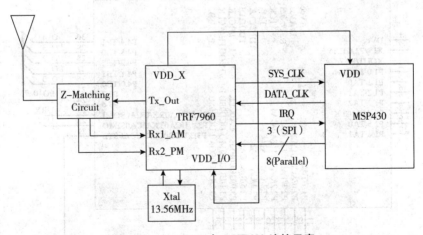

图 5 - 5   TRF7960 与 MSP430 连接示意

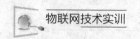

5.1.3 高频 RFID 模块电路原理图、PCB 板图及实物图

高频 RFID 模块电路原理图（TRF7960 外围电路），如图 5 – 6 所示。

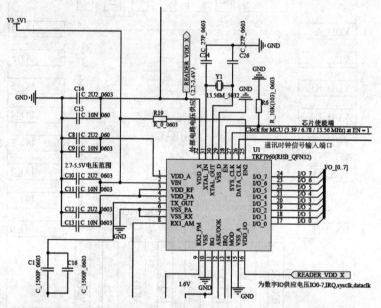

图 5 – 6 高频 RFID 模块电路原理图（TRF7960 外围电路）

高频 RFID 模块电路原理图（MSP430 外围电路），如图 5 – 7 所示。

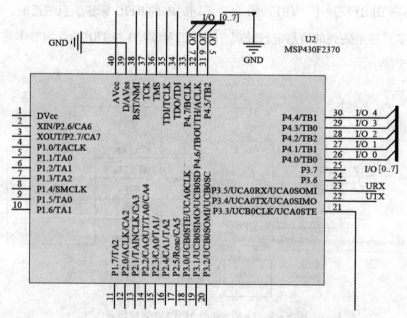

图 5 – 7 高频 RFID 模块电路原理图（MSP430 外围电路）

高频 RFID 模块电路原理图（MSP430 与 TRF6970 连接电路），如图 5-8 所示。

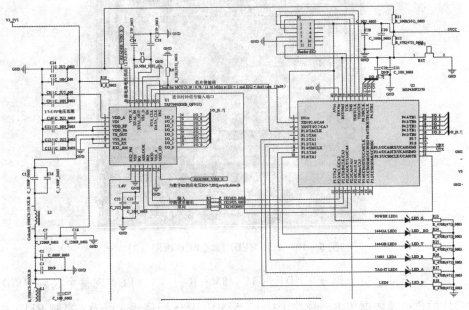

图 5-8　高频 RFID 模块电路原理图（MSP430 与 TRF6970 连接电路）示意

高频 RFID 模块 PCB 板图，如图 5-9、图 5-10 所示。

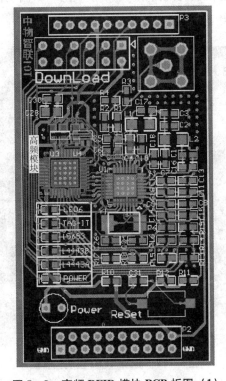

图 5-9　高频 RFID 模块 PCB 板图（1）

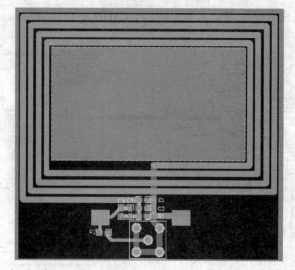

图 5 - 10　高频 RFID 模块 PCB 板图 (2)

其中，下端接口分别于 GND、3.3V、5V、RX、TX，以实现整个高频 RFID 技术模块的供电及数据传输。模块上接 13.56MHz 晶体振荡器，以激发高频 RFID 技术模块天线向外发射电磁波。RESET 接入按钮式开关，负责在必要时刻给予高频 RFID 模块一个外部中断，以实现高频 RFID 模块的软重启功能。

高频 RFID 模块实物如图 5 - 11 所示。

图 5 - 11　高频 RFID 模块实物图

5.2 高频 RFID 工作原理及流程

高频 RFID 模块由以下模块组成：数据采集模块、数据处理模块、数据存储模块、显示模块、串口发送/接收模块。各功能模块具体功能如下。①数据采集模块：当 RFID 卡进入读卡器读卡范围时，读卡器读取卡序列号的过程。②数据处理模块：针对采集到的数据处理，判断其有效性。③数据存储模块：用来存储数据。④显示模块：用来接收单片机发送的数据，并对数据进行操作，从而得到要显示的信息。⑤串口发送/接收模块：主要用来通过串口发送和接收数据。

5.2.1 高频 RFID 模块工作原理

标签进入磁场后，接收解读器发出的射频信号，凭借感应电流所获得的能量发送出存储在芯片中的产品信息（Passive Tag，无源标签或被动标签），或者主动发送某一频率的信号（Active Tag，有源标签或主动标签）；解读器读取信息并解码后，送至中央信息系统进行有关数据处理。

高频 RFID 模块，由阅读器（Reader）与电子标签（Tag），也就是所谓的应答器（Transponder）及应用软件系统三部分组成。其工作原理是 Reader 发射特定频率的无线电波能量给应答器，用以驱动应答器电路内部的数据送出，此时 Reader 便依序接收解读数据，发送给应用程序做相应处理。

5.2.2 高频 RFID 模块工作流程

首先，打开电源开关，高频 RFID 技术模块上电，打开该模块对应的串口开关，13.5MHz 晶体振荡器开始工作，由高频 RFID 技术模块天线向外发射无线电波。

其次，拿取标签靠近模块天线，由于标签与天线之间的电感耦合作用，标签开始工作，将内部存储信息反馈给模块。

再次，TRF7960 芯片取得标签信息经初步处理后发送给 MSP430 单片机，MSP430 单片机接收信息后进行进一步的分析处理，并根据处理结果向 LED（发光二极管）、上位机软件发送信息。

最后，上位机软件根据不同的编码规则接收、识别、处理标签信息。

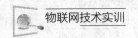

5.3 高频 RFID 模块实训

5.3.1 ISO 15693 协议高频 RFID

目的：掌握 ISO 15693 协议高频读写器的使用方法；掌握读写器的连接和断开过程；了解 ISO 15693 协议标签的读取特点；掌握使用硬件平台读取高频标签的方法。

内容：ISO 15693 协议高频读写器工作过程，会使用高频 RFID 模块并对不同类型的高频 RFID 卡进行识别；能够通过高频 RFID 卡识别卡的种类；通过上位机软件，读写卡中信息。

设备：高频 RFID 模块；一台带有 USB 接口、装有物流信息技术与信息管理实验平台软件（LogisTechBase. exe）、运行环境为 Windows7 以上的 PC 机；13. 56MHz RFID 标签。

操作步骤如下。

第一步，打开实验箱电源开关，开启高频 RFID 模块串口开关。

第二步，打开 ISO 15693 协议实验，如图 5 – 12 所示。打开后高频 15693 模块的操作界面如图 5 –13 所示。

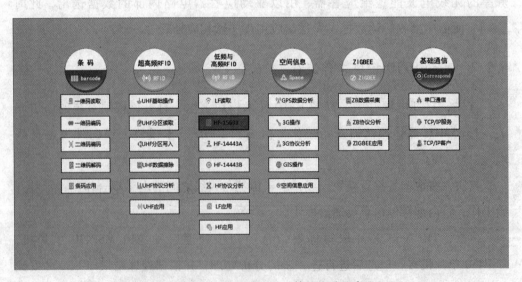

图 5 –12　打开 ISO 15693 协议实验示意

图 5 – 13　高频 15693 操作界面示意

　　第三步，点击"协议设置"按钮，按钮变成"设置成功"，同时在左下方的文本框中提示"结果：设置 15693 协议成功"，表示协议设置成功，操作界面如图 5 – 14 所示。

图 5 – 14　协议设置界面

　　第四步，在"操作"单选框中选择"单步识别"，将 ISO 15693 协议卡放置在天线周围，点击"发送"，结果如图 5 – 15 所示。此处结果返回标签的 ID。

　　第五步，在"操作"单选框中选择"读单模块"，填写起始地址（00 开始的 2 位

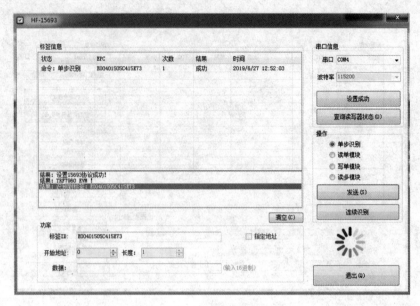

图 5 - 15　单标签识别指令

十六进制，不同的标签内存空间不同），将一张 ISO 15693 协议卡放置在天线周围，点击"发送"，结果如图 5 - 16 所示。选择指定地址，并更改起始地址，重复上述操作。

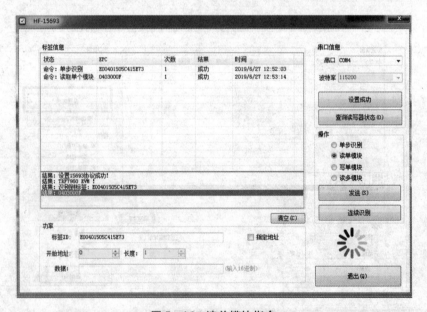

图 5 - 16　读单模块指令

第六步，在"操作"单选框中选择"写单模块"，填写起始地址（00 开始的 2 位十六进制，不同的标签内存空间不同），填写数据（8 位十六进制数），将一张 ISO 15693 协议卡放置在天线周围，点击"发送"，结果如图 5 - 17 所示。更改起始地址、数据，选择指定地址，重复上述操作。

图 5 – 17　写单模块指令

第七步，在"操作"单选框中选择"读多模块"，填写起始地址与长度（均为 00 开始的 2 位十六进制，不同的标签内存空间不同），将一张 ISO 15693 协议卡放置在天线周围，点击"发送"，结果如图 5 – 18 所示。更改起始地址与长度，选择指定地址，重复上述操作。

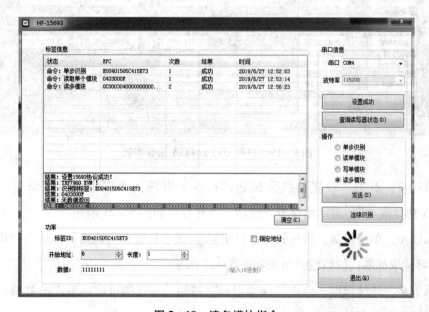

图 5 – 18　读多模块指令

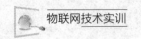

5.3.2 ISO 14443A 协议高频 RFID

目的：掌握 ISO 14443A 协议高频读写器的使用方法；掌握读写器的连接和断开过程；了解 ISO 14443A 协议标签的读取特点；掌握使用硬件平台读取高频标签的方法。

内容：ISO 14443A 协议高频读写器工作过程，会使用高频 RFID 模块并对不同类型的高频 RFID 卡进行识别；能够通过高频 RFID 卡识别卡的种类；通过上位机软件，读写卡中信息。

设备：高频 RFID 模块；一台带有 USB 接口、装有物流信息技术与信息管理实验平台软件（LogisTechBase.exe）、运行环境为 Windows7 以上的 PC 机；13.56MHzRFID 标签（ISO 14443A 协议）。

操作步骤如下。

第一步，打开实验箱电源开关，开启高频 RFID 模块串口开关。

第二步，打开 ISO 14443A 协议实验，如图 5-19 所示，打开后操作界面如图 5-20 所示。

图 5-19 打开 ISO 14443A 协议实验

第三步，点击"设置协议"按钮，在左下方的文本框中提示"结果：设置 14443A 协议成功"，表示协议设置成功，操作界面如图 5-21 所示。

第四步，单步识别，将一张 ISO 14443A 协议卡放置在天线周围，点击"单步识别"，可读取标签内的数据，结果如图 5-22 所示。

第五步，连续识别，点击"连续识别"按钮，可连续读取标签内的数据，操作界面如图 5-23 所示。

图 5 – 20   高频 14443A 操作界面示意

图 5 – 21   高频 14443A 协议设置指令

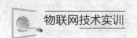

图 5－22　单步识别操作页面

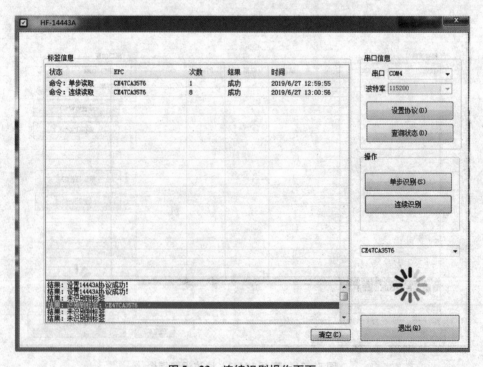

图 5－23　连续识别操作页面

5.3.3　ISO 14443B 协议高频 RFID

目的：掌握 ISO 14443B 协议高频读写器的使用方法；掌握读写器的连接和断开过程；了解 ISO 14443B 协议标签的读取特点；掌握使用硬件平台读取高频标签的方法。

内容：ISO 14443B 协议高频读写器工作过程，会使用高频 RFID 模块并对不同类型的高频 RFID 卡进行识别；能够通过高频 RFID 卡识别卡的种类；通过上位机软件，读写卡中信息。

设备：高频 RFID 模块；一台带有 USB 接口、装有物流信息技术与信息管理实验平台软件（LogisTechBase. exe）、运行环境为 Windows7 以上的 PC 机；13. 56MHzRFID 标签（ISO 14443B 协议）。

操作步骤如下。

第一步，打开实验箱电源开关，开启高频 RFID 模块串口开关。

第二步，打开 ISO 14443B 协议实验，如图 5 – 24 所示，打开后操作界面如图 5 –25所示。

图 5 – 24　打开 ISO 14443B 协议实验

第三步，点击"设置协议"按钮，在左下方的文本框中提示"结果：设置 14443B 协议成功"，表示协议设置成功，操作界面如图 5 –26 所示。

第四步，单步识别，将一张 ISO 14443B 协议卡放置在天线周围，点击"单步识别"，可读取标签内的数据，结果如图 5 –27 所示。

第五步，连续识别，点击"连续识别"按钮，可连续读取标签内的数据，操作界面如图 5 –28 所示。

图 5 - 25 高频 14443B 操作界面示意

图 5 - 26 高频 14443B 协议设置指令

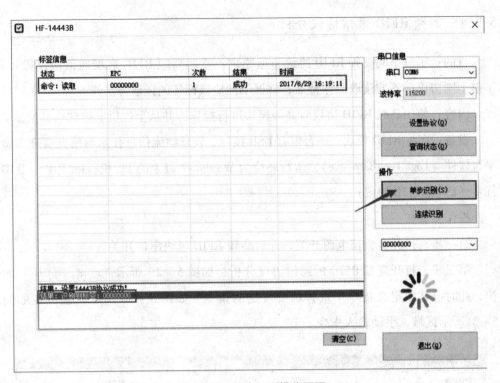

图 5 – 27　单步识别操作页面

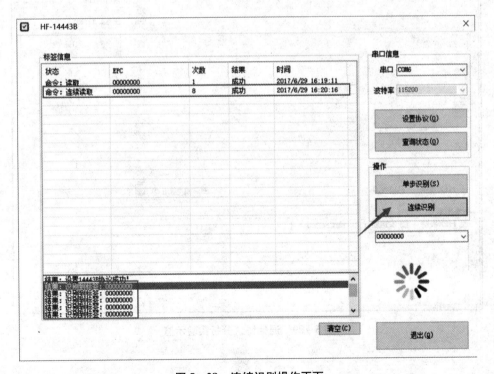

图 5 – 28　连续识别操作页面

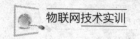

5.3.4 高频 RFID 通信协议分析

目的：了解不同高频 RFID 协议类型原理；掌握高频 RFID 底层通信协议操作。了解不同协议标签的读取操作特点；掌握不同协议标签的读取方法。

内容：使用高频 RFID 协议对高频模块进行操作，并从上位机上得到信息反馈。

设备：高频 RFID 模块；一台带有 USB 接口、装有物流信息技术与信息管理实验平台软件（LogisTechBase.exe）、运行环境为 Windows7 以上的 PC 机；13.56MHzRFID 标签（ISO 14443B 协议）。

操作步骤如下。

第一步，打开实验箱电源开关，开启高频 RFID 模块串口开关。

第二步，打开高频 RFID 的通信协议分析，如图 5 - 29 所示，点击"打开"按钮，此时可在预定义指令中选择所要发送的指令，如图 5 - 30 所示。也可在如图 5 - 31所示区域，手动输入指令。

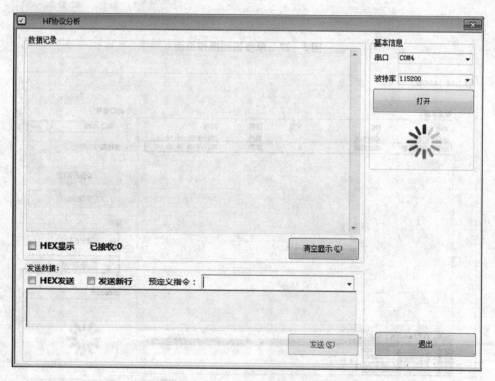

图 5 - 29　通信协议分析实验示意

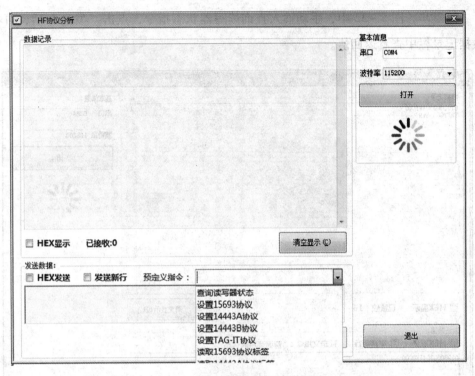

图 5 – 30　预定义指令列表示意

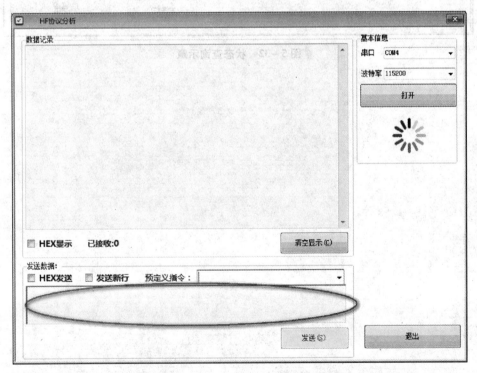

图 5 – 31　手动输入指令区域示意

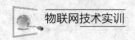

第三步，图 5 - 32 中，手动输入查询读写器状态指令，点击"发送"后，可在数据记录栏中查看返回值。

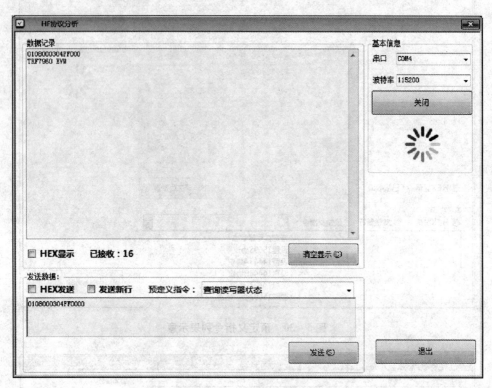

图 5 - 32　状态查询示意

6 超高频 RFID

超高频（UHF）RFID 技术是 RFID 技术中的一个分支，其与高频 RFID 等其他技术的主要不同之处在于其工作原理。将 RFID 技术按频率分类，有低频、高频、超高频和微波之分，其中低频与高频 RFID 技术的工作原理是电磁感应，识读距离在 10cm 以内；而超高频 RFID 和微波的工作原理是反向散射，识读距离为 10m 及以上。超高频 RFID 工作距离长，为物流、仓储等应用提供了快捷的自动识别方法，已经成为 RFID 行业的发展热点。

本章使学生能够了解超高频电子标签协议原理，了解超高频标签的读取及特点，超高频标签的写入、删除和销毁等，进行超高频 RFID 的硬件设计、原理分析及实训操作。

6.1 超高频 RFID 硬件设计

超高频 RFID 模块主要由芯片 RLM100 和一些周边组件组成。周边组件包括一个按钮式开关、一个拨动式开关、一个 LED（发光二极管）、一个蜂鸣器、一个 USB 接口、一个外接天线和电阻电容若干。其中芯片 RLM100 是核心组件。

6.1.1 RLM100

RLM100 是超小型超高频 RFID 读写器的核心部件。RLM100 集成了 PLL、发射器、接收器、耦合器以及 MCU 等部件。在使用 RLM100 进行开发的过程中，仅需要添加电源处理，对 RLM100 的控制可以通过 API 函数库来实现。RLM100 模块可以在 3.3～5.5V 范围内实现低电压工作，RLM100 的工作频率可以在 840～930MHz 之间按需要的频段定制，RLM100 默认的通信波特率为 57600b/s，也支持 9600b/s、

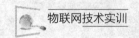

19200b/s 及 115200b/s 等波特率设置，同时支持 EPC、ISO 18000 - 6C 等协议，能用于手持设备、台式读写器、一体机等设备的开发。其封装形式有表贴和直插两种，均为 14 个引脚。RLM100 引脚分布如图 6 - 1 所示，模块引脚定义如表 6 - 1 所示，整体框架如图 6 - 2 所示。

图 6 -1   RLM100 引脚分布

表 6 -1   RLM100 模块引脚定义

名称	说　明
VCC	VCC 电源引脚，供电范围 3.3 ~ 5.5V
GND	地引脚
RXD	UART Receive Data，TTL Compatibility
TXD	UART Transmit Data，TTL Compatibility
ANT	射频输出引脚，已经内部匹配 50 欧姆，此管脚接天线
EN	模块使用引脚，高电平有效
NC	未使用空引脚，请留空
BEEP	读卡指示信号，当成功读到 TAG 时，引脚留给输出低电平

MCU（Micro Control Unit）：微控制单元，是将计算机的 CPU、RAM、ROM、定时计数器和多种 I/O 接口集成在一块芯片上，形成芯片级的计算机，方便为不同的应用场合设计不同的组合控制。

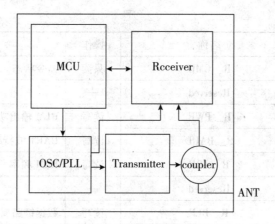

图 6-2 RLM100 整体框架

PLL（Phase Locked Loop）：锁相回路或锁相环，用来统一整合时脉信号，使内存能正确存取资料。主要用于振荡器中的反馈技术，实现外部输入信号与内部振荡信号的同步。其原理框图如图 6-3 所示。

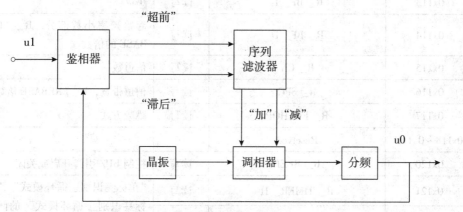

图 6-3 PLL 原理框图

RLM100 各寄存器：RLM100 内部使用 512 个 8 位寄存器存储相关参数。可以通过相关命令对寄存器进行读、写、恢复默认值操作。寄存器表中 0x000 ~ 0x1FF 地址中的数据可以设置下电保存，对于该地址区间的寄存器，设置完成后需要执行"保存当前设置"命令来保存相应的设置，否则下电数据会丢失。RLM100 各寄存器功能如表 6-2 所示。

表 6-2   RLM100 各寄存器功能介绍

地址	名称	操作	用途
0x000	R_ STATUS	只读	RLM 的工作状态

地址	名称	操作	用途
0x001	R_CMD	只读	命令状态
0x002 ~ 0x00F	Reserved	—	
0x100	R_PWR	读写	RLM 输出功率值
0x101	R_BAUD	读写	UART 波特率
0x102	R_TRE	读写	RLM 频率
0x103 ~ 0x104	Reserved	—	
0x105	R_BLF	读写	数据链路属性
0x106 ~ 0x10F	Reserved	—	
0x110	R_FREMODE	读写	选择频率设置模式
0x111	R_FREBASE	读写	频率设置基数
0x112	R_BF_H	读写	起始频率整数部分，MHZ 为
0x113	R_BF_L	读写	单位
0x114	R_BF_D	读写	起始频率小数部分，R_FRE-BASE 的倍数
0x115	R_CN	读写	信道数
0x116	R_SPC	读写	信道带宽，R_FREBASE 倍数
0x117	R_FREHOP	读写	跳频方式
0x118 ~ 0x11F	Reserved	—	
0x120	R_BEEP	读写	控制 BUZ 引脚开启或关闭
0x121	R_TIMER_H	读写	"单标签识别_循环模式" "多标签识别_循环模式" 的间隔
0x122	R_TIMER_L	读写	时间，默认 7ms
0x123 ~ 0x127	Reserved	—	
0x128	R_EPC_TIMER_OUT_H	读写	单步标签通信命令的时间间隔 T，可以通过寄存器 R_EPC_
0x129	R_EPC_TIMER_OUT_L	读写	TIMER_OUT 进行设置
0x12A	R_BLOCK_WRITE	读写	标签支持的 BLOCK_WRITE 最长字节
0x12B ~ ox1EF	Reserved	—	
0x1F0	R_SERIAL_5	只读	RLM 硬件批次号
0x1F1	R_SERIAL_4	只读	
0x1F2	R_SERIAL_3	只读	

续　表

地址	名称	操作	用途
0x1F3	R_ SERIAL_ 2	只读	
0x1F4	R_ SERIAL_ 1	只读	
0x1F5	R_ SERIAL_ 0	只读	
0x1F6	R_ VERSION_ 2	只读	RLM 固件版本号
0x1F7	R_ VERSION_ 1	只读	
0x1F8	R_ VERSION_ 0	只读	
0X1F9 ~ 0x1FF	Reserved	—	

RLM100 电源管理：RLM100 提供了方便的内部电源管理方案，开发使用时仅需给 RLM100 进行外部 3.6 ~ 5.5V 电压供电即可。除此之外，也提供了丰富的待机模式，进一步节省待机功耗，降低电源消耗。其工作模式包括正常待机模式、睡眠模式和深度睡眠模式。正常待机模式（Normal），始终处于等待接收上位机命令状态，能够快速响应上位机的有效命令；睡眠模式（Sleep），处于睡眠模式的 RLM100 在接到有效命令之后，先进入正常待机模式，随后进行相应的命令操作；深度睡眠模式（Standby），处于深度睡眠模式下的 RLM100，将不能响应上位机的有效命令。

在工作环境温度为 25℃，天线端口处接 50Ω 负载，输出频率为 900 ~ 925MHz 情况下，RLM100 的工作可分为多标签识别和单标签识别。多标签识别的功耗如表 6 - 3 所示，单标签识别的功耗如表 6 - 4 所示。

表 6 - 3　　　　　　　　RLM100 多标签识别（循环模式命令）功耗

电压	功　耗			
	20dBm	17dBm	14dBm	11dBm
3. 3V	120mA	80mA	60mA	40mA
4. 2V	100mA	80mA	50mA	40mA
5. 0V	80mA	60mA	40mA	40mA

表 6 - 4　　　　　　　　RLM100 单标签识别（循环模式命令）功耗

电压	功　耗			
	20dBm	17dBm	14dBm	11dBm
3. 3V	120mA	70mA	60mA	40mA
4. 2V	100mA	70mA	50mA	40mA
5. 0V	80mA	60mA	40mA	40mA

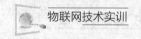

RLM100 通信模式：RLM100 与上位机通过 UART 接口实现通信，RLM100 支持循环模式与单步模式两种命令模式。循环模式下，RLM100 在接收到命令之后，首先返回该命令的 ACK 响应，随后获取命令所要求的电子标签信息，实时上传。循环命令具体包括单标签识别、多标签识别及多标签识别并读取标签数据。

在工作过程中，除循环命令之外的其他命令，均属于单步模式命令。RLM100 接收到单步标签通信命令之后，即刻根据命令指示与标签进行通信。假定通信周期为 T，若 RLM100 在 T1 时刻（T1 < T）成功读取到标签信息，则 RLM100 立即将标签信息上传，随后 RLM100 进入正常待机模式；若 RLM100 在 T 时间内未能成功读取标签信息，则 RLM100 返回该命令的 NAK 响应，随后 RLM100 进入正常待机模式。而通信周期 T，可以通过 RLM100 内部寄存器 R_ EPC_ TIMER_ OUT 完成设置，RLM100 出厂缺省值为 500ms。

6.1.2　超高频 RFID 模块设计电路原理图、PCB 板图及实物图

超高频 RFID 模块设计电路原理图及 PCB 板图如图 6 - 4 至图 6 - 7 所示。

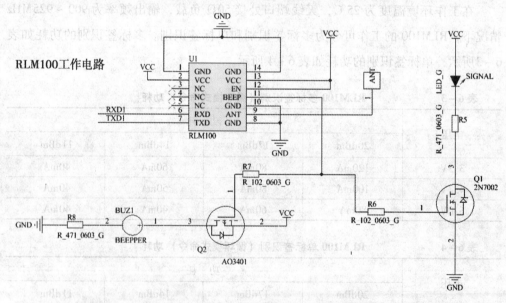

图 6 - 4　超高频 RFID 模块设计电路原理图

常用的超高频 RFID 模块主要由芯片 RLM100 和一些周边组件组成，实物如图 6 - 8 所示。

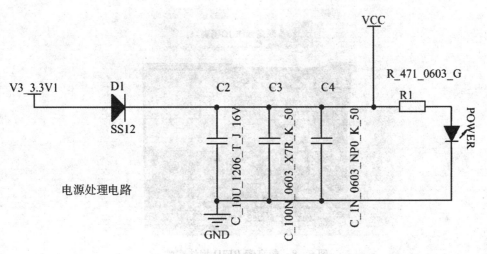

图 6-5 超高频 RFID 模块电源处理电路原理图

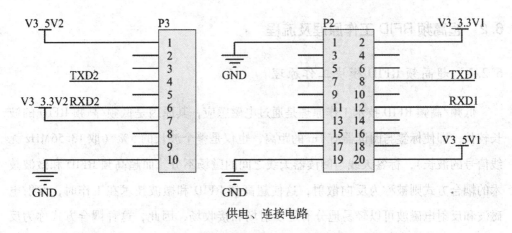

图 6-6 超高频 RFID 模块供电、连接电路原理图

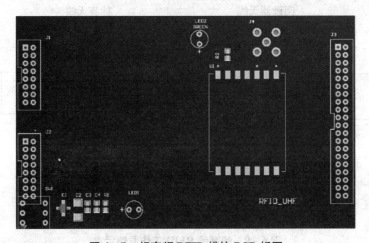

图 6-7 超高频 RFID 模块 PCB 板图

图 6-8 超高频 RFID 模块实物

6.2 超高频 RFID 工作原理及流程

6.2.1 超高频 RFID 模块工作原理

低频/高频 RFID 技术工作原理是通过电磁感应，其原因是低频/高频 RFID 的波长较长，即使标签与阅读器有 1m 的距离，也仅是整个波长的 5%（取 13.56MHz 无线信号的波长），标签天线与阅读器天线之间的磁场不分。而超高频 RFID 和微波技术的耦合方式则被称为反向散射，这使超高频 RFID 和微波技术在工作时，发射电磁波和反射电磁波可以轻易地分清楚发射场和接收场，因此，这种耦合方式称为反向散射耦合。其工作原理如图 6-9 所示。其中阅读器发送电磁波给标签，标签通过

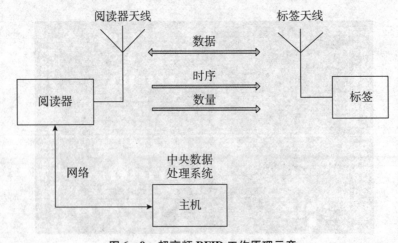

图 6-9 超高频 RFID 工作原理示意

天线拾取无线电波能量，以供标签芯片工作，标签芯片控制天线的负载，影响天线的雷达射截面（RCS）值，从而调制反射信号；阅读器天线接收到标签反向散射的信号后，解调出标签的信息。

6.2.2 超高频 RFID 模块工作流程

超高频 RFID 模块工作流程如下。

首先，打开电源开关，超高频 RFID 模块上电，打开该模块对应串口开关。

其次，RLM100 内部 Transmitter 开始工作，由超高频 RFID 模块天线向外发射无线电波。

再次，拿取标签靠近超高频 RFID 模块天线，标签开始工作，将内部存储信息反馈给超高频 RFID 技术模块，接着 RLM100 内部 Rceiver 取得标签信息，经初步处理后发送给 MCU；MCU 接收信息后进行进一步的分析处理，并根据处理结果向 LED（发光二极管）和上位机软件发送信息。

最后，上位机软件根据不同的编码规则接收、识别、处理标签信息。

6.3 超高频 RFID 模块实训

6.3.1 超高频 RFID 标签协议分析

目的：掌握 ISO 18000 - 6C 协议超高频读写器的使用方法；掌握读写器的连接和断开过程；了解 ISO 18000 - 6C 协议标签的读取特点；了解通过上位机软件发送指令并查看结果。

内容：ISO 18000 - 6C 协议超高频读写器工作过程；会使用超高频 RFID 模块并对超高频 RFID 卡进行识别。

根据 ISO 18000 - 6C 协议规定，超高频电子标签数据存储空间从逻辑上将标签存储器分为四个存储体，每个存储体可以由一个或一个以上的存储器组成。这 4 个存储体是：①保留内存，保留内存应包含杀死口令和访问口令。杀死口令应存储在 00h ~ 1Fn 的存储地址内。访问口令应存储在 20h ~ 3Fn 的存储地址内。②EPC存储器，EPC 存储器是包含在 00h ~ 1Fn 存储位置的 CRC - 16 以及在 10h ~ 1Fh 存储地址的协议控制（PC）位和在 20h 开始的 EPC。③TID 存储器，TID 存储器应包含00h ~ 07n 存储位置的 8 位 ISO 15963 分配类识别（对于 EPCglobal 为

111000102）、08h～13n 存储位置的 12 位任务掩模设计识别（EPCglobal 成员免费）和 14h～1Fn 存储位置的 12 位标签型号。标签可以在 1Fn 以上的 TID 存储器中包含标签指定数据和提供商指定数据（例如标签序号）。④用户存储器，用户存储器允许存储用户指定数据，该存储器组织为用户定义。读写指令如表 6 - 5 所示。

表 6 - 5　　　　　　　　　　　　高频 **RFID** 模块读写指令

命令	值（hex）	功能	命令模式
RLM_ GET_ STATUS	00	询问状态	单步模式
RLM_ GET_ POWER	01	读取功率设置	单步模式
RLM_ SET_ POWER	02	设置功率	单步模式
RLM_ GET_ FRE	05	读取频率设置	单步模式
RLM_ SET_ FRE	06	设置频率	单步模式
RLM_ GET_ VERSION	07	读取 RLM 信息	单步模式
RLM_ READ_ UID	0A	读取 RLM 的 UID 信息	单步模式
—	0B - 0F	Reserved	
RLM_ INVENTORY	10	单标签识别_ 循环模式	循环模式
RLM_ INVENTORY_ ANTI	11	多标签识别_ 循环模式	循环模式
RLM_ STOP_ GET	12	停止操作	单步模式
RLM_ READ_ DATA	13	读取标签数据（指定 UII）	单步模式
RLM_ WRITE_ DATA	14	写入标签数据_ 单字长模式（指定 UII）	单步模式
RLM_ ERASE_ DATA	15	擦除标签数据（指定 UII）	单步模式
RLM_ LOCK_ MEM	16	锁定标签（指定 UII）	单步模式
RLM_ KILL_ TAG	17	销毁标签（指定 UII）	单步模式
RLM_ INVENTORY_ SINGLE	18	单标签识别_ 单步模式	单步模式
RLM_ BLOCK_ WRITE_ DATA	19	写入标签数据_ 多字长模式（指定 UII）	单步模式
—	1A - 1F	Reserved	
RLM_ SINGLE_ READ_ DATA	20	读取标签数据（不指定 UII）	单步模式
RLM_ SINGLE_ WRITE_ DATA	21	写入标签数据_ 单字长模式（不指定 UII）	单步模式

续 表

命令	值（hex）	功能	命令模式
RLM_ SINGLE_ ERASE_ DATA	22	擦除标签数据（不指定 UII）	单步模式
RLM_ SINGLE_ LOCK_ MEM	23	锁定标签（不指定 UII）	单步模式
RLM_ SINGLE_ KILL_ TAG	24	销毁标签（不指定 UII）	单步模式
RLM_ SINGLE_ BLOCK_ WRITE_ DATA	25	写入标签数据_ 多字长模式（不指定 UII）	单步模式
RLM_ ANTI_ COLISION_ RAED_ DADA	26	多标签识别并读取标签数据_ 循环模式	循环模式
RLM_ READ_ REG	30	读取寄存器	单步模式
RLM_ WRITE_ REG	31	设置寄存器	单步模式
RLM_ TRAN_ PACKAGE	57	发送数据包	单步模式

设备：超高频 RFID 模块；一台带有 USB 接口、装有物流信息技术与信息管理实验平台软件（LogisTechBase. exe）、运行环境为 Windows 7 以上的 PC 机，超高频标签。

操作步骤如下。

第一步，安装超高频 RFID 识别天线，连接实验箱和上位机之间的串口线。开启实验箱电源，将串口开关置于超高频 RFID 模块上，确保串口选择正确，波特率（超高频为 57600b/s）选择正确。开启超高频 RFID 电源。

第二步，点击软件物流信息技术与信息管理实验硬件平台中超高频 RFID 模块下的"超高频协议分析"按钮，超高频协议分析界面如图 6 - 10 所示，其中主要按钮有"预定义指令"供选择命令行如状态查询、单步识别等，"HEX 显示"、"HEX 发送"为十六进制命令行的传输和显示（根据协议标准应勾选十六进制发送和十六进制显示）。

第三步，勾选"HEX 显示"和"HEX 发送"，单击"打开"按钮启动操作，在预定义指令下选择"询问状态"，可在命令行提示要出的命令或者直接在命令行输入要进行分析的命令（可根据协议包格式和命令表自行输入命令），单击"发送"，可在数据记录栏查看返回结果，如图 6 - 11 所示（说明：数据记录成功返回"AA 03 00 00 55"，其中 AA 表示开始，03 表示响应长度，00 00 表示询问状态正常，55 表示结束，整个返回记录表示连接状态正常）。

第四步，多标签识别，选择预定义指令中的"识别标签（防碰撞识别）"或在命令行直接输入命令"aa 03 11 03 55"，控制 RFID 模块对多标签进行防碰撞识别。

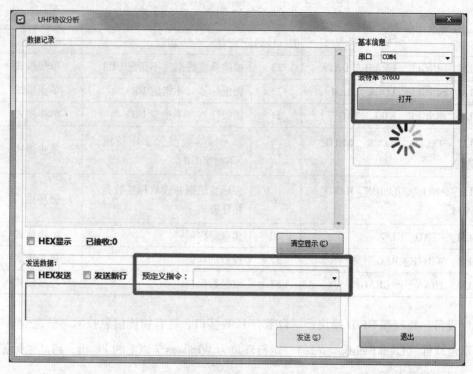

图 6 – 10　通信分析实验界面示意

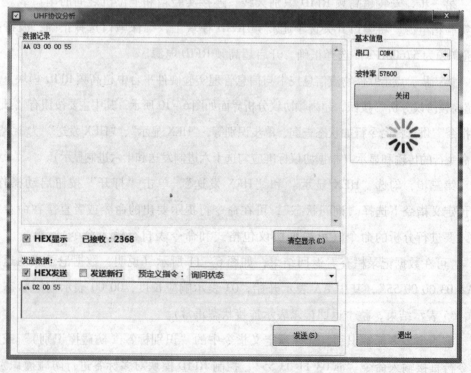

图 6 – 11　输入与反馈结果示意

这里选择用两个标签同时贴向读写器进行防碰撞识别，得到的实验结果如图 6 - 12 示（说明：其中发送的命令"aa 03 11 03 55"中，第一个 03 为命令长度，11 位多标签识别命令，后一个 03 为最多可同时识别 3 个标签。在返回的记录里可查看 2 个标签的数据记录，证明实验成功读到 2 个同时贴近的标签）。

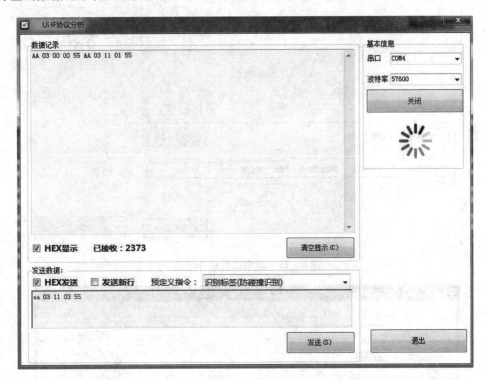

图 6 - 12　结果识别示意

第五步，读取功率，该命令设置 RMU 的输出功率。用户使用 RMU 对标签进行操作前需要用该命令设置 RMU 的输出功率。操作前首先清空显示，选择预定义指令中的"读取功率设置"或在命令行直接输入命令"aa 02 01 55"，控制 RFID 模块进行读取功率设置，得到的实验结果如图 6 - 13 所示［说明：使用命令"aa 02 01 55"，返回"AA 04 01 0A 55"，其含义为"开头 AA、长度 04、命令 01、状态 00、power（功率值）0A、结尾 55"］。

第六步，销毁标签，销毁标签数据格式如表 6 - 6 所示。首先读取要杀死标签，按照标签识别步骤进行，例如读取 UII"30 00……8D"，编辑命令"AA XX 17 00 00 00 00 30 00……8D 55"，在本实验中选择"销毁标签"，然后输入命令"AA XX 17 00 00 00 00 30 00 30 05 FB 63 AC 1F 38 41 EC 88 04 67 55"，将选择的标签贴近天线位置，点击"发送"完成标签的销毁，结果如图 6 - 14 所示。

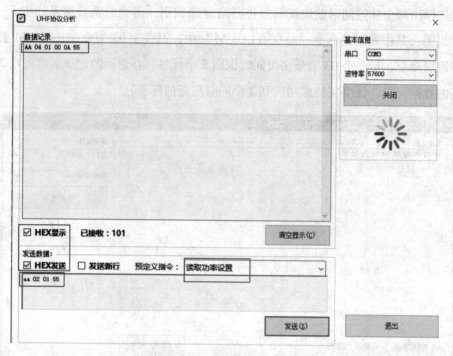

图 6-13 功率设置命令示意

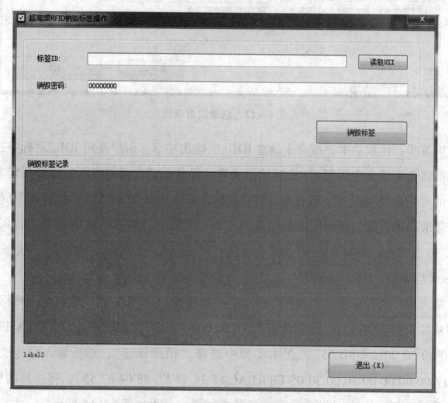

图 6-14 销毁标签命令示意

表 6 – 6　　　　　　　　　　　　销毁标签数据格式

数据段	SOF	LEN	CMD	KILLPWD	UII	CRC	EOF
长度	1	1	1	4		2	1

6.3.2　超高频 RFID 标签读取

目的：掌握超高频 RFID 读写器的使用方法；掌握读写器的工作过程。

内容：使用平台软件（LogisTechBase. exe）中的超高频 RFID 模块控制超高频 RFID 模块完成超高频读写器工作；并对超高频 RFID 卡进行识别。全球 RFID 频段规划情况如表 6 – 7 所示。

表 6 – 7　　　　　　　　　　　　全球 RFID 频段规划情况

国家或地区	RFID 使用频段
美国及加拿大	902 ~ 928MHz
欧洲	865 ~ 868MHz
澳大利亚	918 ~ 926MHz
日本	952 ~ 954MHz
韩国	908. 5 ~ 914MHz
新加坡	866 ~ 869MHz
	923 ~ 925MHz
中国香港	865 ~ 868MHz
	920 ~ 925MHz

用于电子标签读写操作的高频桌面读写器 RM9 + + 的主要性能参数如下。①工作频率：840 ~ 960MHz（按需要频段定制）。②支持协议：EPC C1 GEN2/ISO 18000 – 6C。低电压工作：+3. 3V。模块化两种封装：表贴（28mm × 25mm × 2. 5mm ± 0. 1mm）和直插（4mm × 19mm × 4mm）。最大输出功率：27dBm。③接口：UART、WIEGAND（暂不开放）。

设备：超高频 RFID 模块；一台带有 USB 接口、装有物流信息技术与信息管理实验平台软件（LogisTechBase. exe）、运行环境为 Windows7 以上的 PC 机，超高频桌面读写器 RM9 + + ，超高频标签。

操作步骤如下。

第一步，安装超高频 RFID 识别天线，连接实验箱和上位机之间的串口线。开

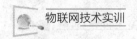

启实验箱电源，将串口开关置于超高频 RFID 模块上，确保串口选择正确，波特率（超高频为 57600b/s）选择正确。开启超高频 RFID 电源。开启软件实验平台（LogisTechBase. exe）中的超高频 RFID 实验，如图 6－15 所示位置，打开后界面如图 6－16所示。

图 6－15　超高频 RFID 实验位置示意

图 6－16　界面示意

第二步，点击"单步识别"按钮，同时将标签贴近读写器天线，在标签信息栏即可读取标签内数据，操作界面如图 6 - 17 所示。

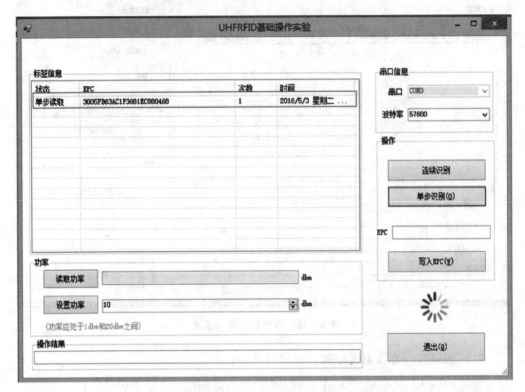

图 6 - 17 单步识别操作页面

第三步，点击"连续识别"按钮，同时将标签贴近读写器天线，可连续读取标签内的数据，读取次数和读取时间可在标签信息栏查看，其操作界面如图 6 - 18 所示。

第四步，读取停止后，点击一条标签记录，可以查看标签读取的功率，根据标签的自身功率可以为下次标签读取时设置功率（设置功率的最低值为 10dbm，确保能读取到标签）。

6.3.3 超高频 RFID 数据读取

目的：掌握超高频 RFID 读写器的使用方法；掌握从不同的存储器中读取数据。

内容：使用平台软件（LogisTechBase. exe）中的超高频 RFID 模块控制超高频 RFID 模块完成超高频读写器工作；并分别读取标签保留内存、EPC 存储器、TID 存储器和用户存储器的数据。标签分为四个区：保留区、EPC 区、TID 区、用户区。

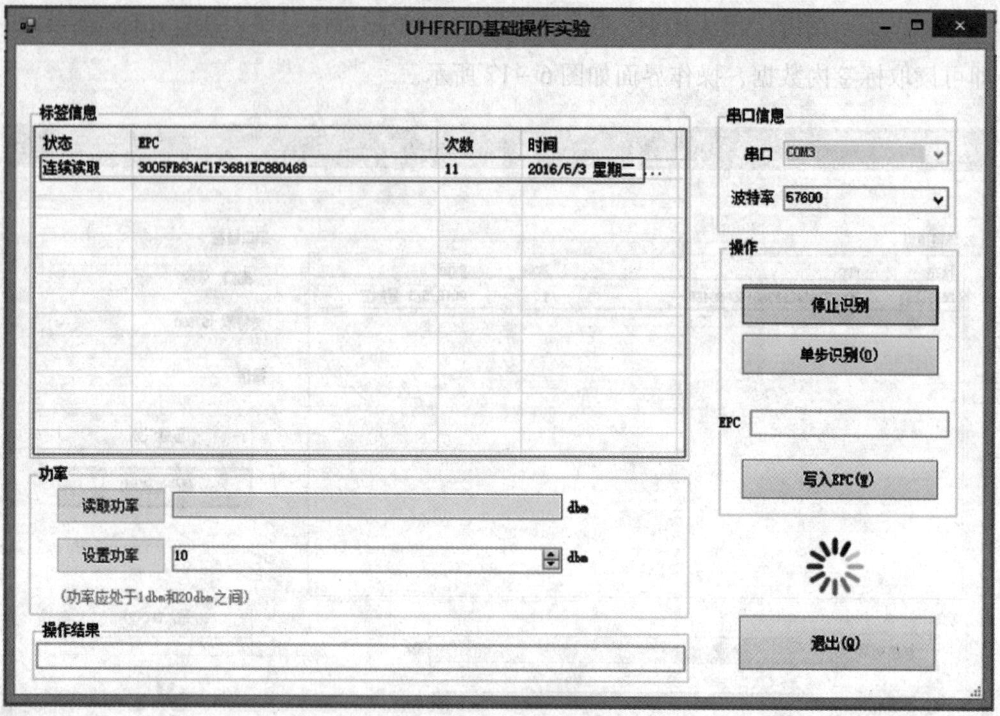

图6-18　连续识别操作页面

（1）保留区（在没有锁定时，可进行读写）。

地址：0~3。其中地址0—1存储：8位十六进制数的灭活密码。

地址：2~3存储。8位十六进制数的访问密码。

（2）EPC区（在没有锁定时，可进行读写）。

地址：2~7。存储：24位十六进制数的ID。

（3）TID区（无论有没有锁定，都不允许写入，只可在没有锁定时进行读取）。

地址：2~5。存储：全球唯一的8位十六进制数ID。

（4）用户区（在没有锁定时，可进行读写）。

地址：0~31。存储：用户数据。

标签读取规则如下。

区号：只有"保留区""EPC区""TID区"和"用户区"四个区可供选择。

地址：输入的范围是0~7，超过这个范围会有提示。

长度：输入的范围是1~8，超过这个范围会有提示。单位是Word（1Word=2 Byte）。

注意：EPC区地址范围是2~7，最长长度为6。保留区地址范围是0~3，最长长度为4。

设置完上述参数后,点击"读取标签"按钮即可读取设定好区域的数据,并显示在"数据"这一栏中。

设备:超高频 RFID 模块;一台带有 USB 接口、装有物流信息技术与信息管理实验平台软件(LogisTechBase. exe)、运行环境为 Windows7 以上的 PC 机,超高频标签。

操作步骤如下。

第一步,安装超高频 RFID 识别天线,连接实验箱和上位机之间的串口线。开启实验箱电源,将串口开关置于超高频 RFID 模块上,确保串口选择正确,点击超高频 RFID 栏下的"超高频分区读取"按钮,打开后界面如图6-19所示。其中方框内的数据块可供选择读取的分区,开始地址为开始读取的位置,长度为读取结果的长度。

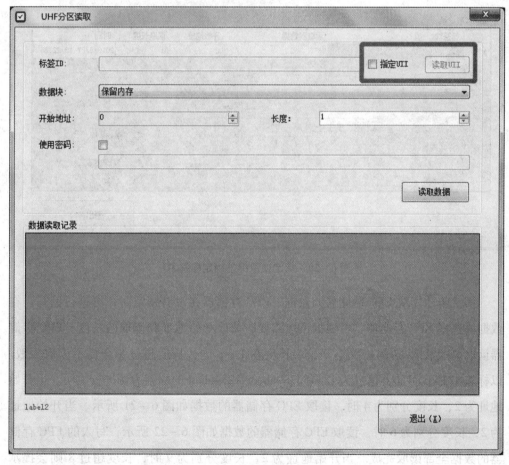

图6-19 数据读取界面示意

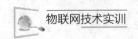

第二步，勾选"指定 UII"，点击"读取 UII"按钮后，将标签贴近读写器天线，听见滴声，同时标签 ID 栏内显示标签的 ID，证明标签完成选择。此操作是可选择选项，可减少其他标签的误读。其选择结构如图 6 - 20 所示。

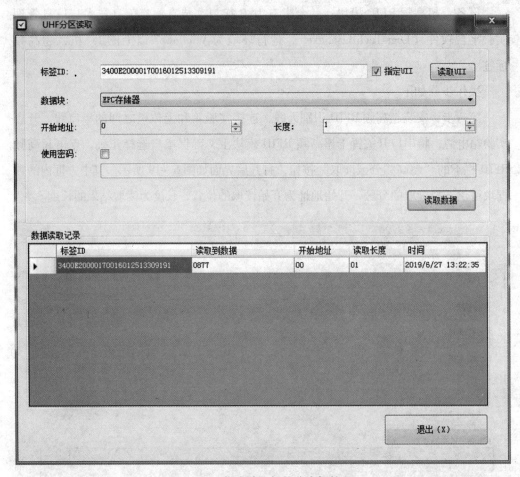

图 6 - 20　指定读取标签确定标签 ID

第三步，读取 EPC 存储器的数据。EPC 存储器在没有锁定时，可进行读写，在数据块选择 EPC 存储器，可根据读取需要，修改开始地址和读取的长度。EPC 存储器读取一般从 2 ~ 7 的位置上开始，长度在 1 ~ 8 内，长度超过 8 会提示读取失败。以标签中 EPC 存储器信息为 123456789abcdef1234abcd 的标签为例进行说明。当开始地址为 2，长度分别为 4 时，读取 EPC 存储器的数据如图 6 - 21 所示。当开始地址为 2，长度分别为 6 时，读取 EPC 存储器的数据如图 6 - 22 所示，写入的 EPC 存储器的数据全部读取完成。当开始地址为 2，长度分别为 9 时，长度超过 8 则会提示读取失败，其读取 EPC 存储器的数据如图 6 - 23 所示。

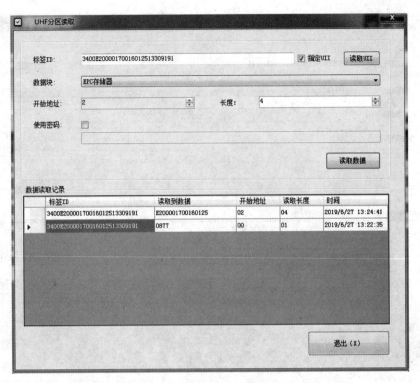

图 6 – 21　读取到长度为 4 的数据示意

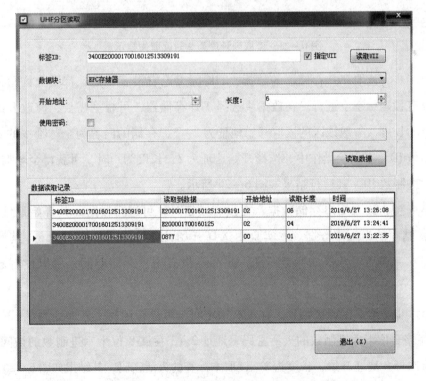

图 6 – 22　读取到长度为 6 的数据示意

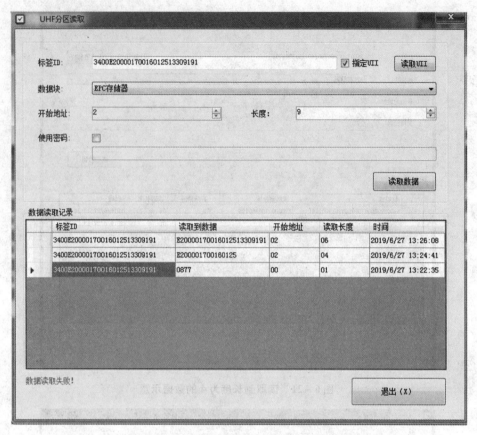

图6-23 读取到长度为9时读取失败示意

第四步，读取 TID 存储器的数据，TID 区无论有没有锁定，都不允许写入，只可在没有锁定状态下进行。在数据块选择 TID 存储器，可根据需要，修改开始地址和读取的长度，一般该区的读取开始地址为2~5，存储的内容为全球唯一的8位十六进制数 ID。本实验操作中，选择开始地址为2，长度为4时，可获得全球唯一的8位十六进制数 ID。其运行结果如图6-24所示。

第五步，读取用户存储数据，在没有锁定时，可进行读写。其开始地址在0~31上，储存的为用户数据。本实验中选择开始位置0，读取长度为6，其读取结果如图6-25所示。根据标签不同，此标签没有用户存储空间，所以没有数据可读取。

第六步，读取保留区数据，在没有锁定时，可进行读写，其地址为0~3，其中0~1存储8位十六进制数的灭活密码，地址2~3存储8位十六进制数的访问密码。本实验选择0地址开始，长度为2，读取本标签的灭活密码，其结果如图6-26所示。

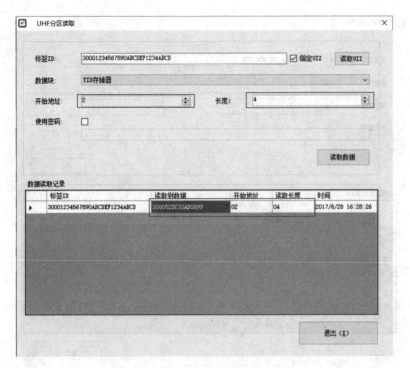

图 6 – 24 读取 TID 存储器数据示意

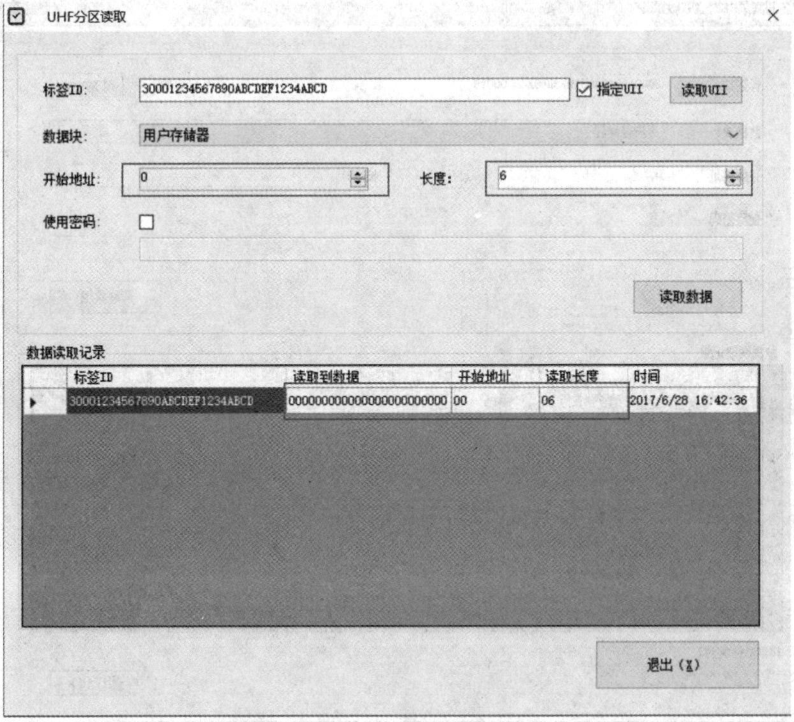

图 6 – 25 读取用户存储器数据示意

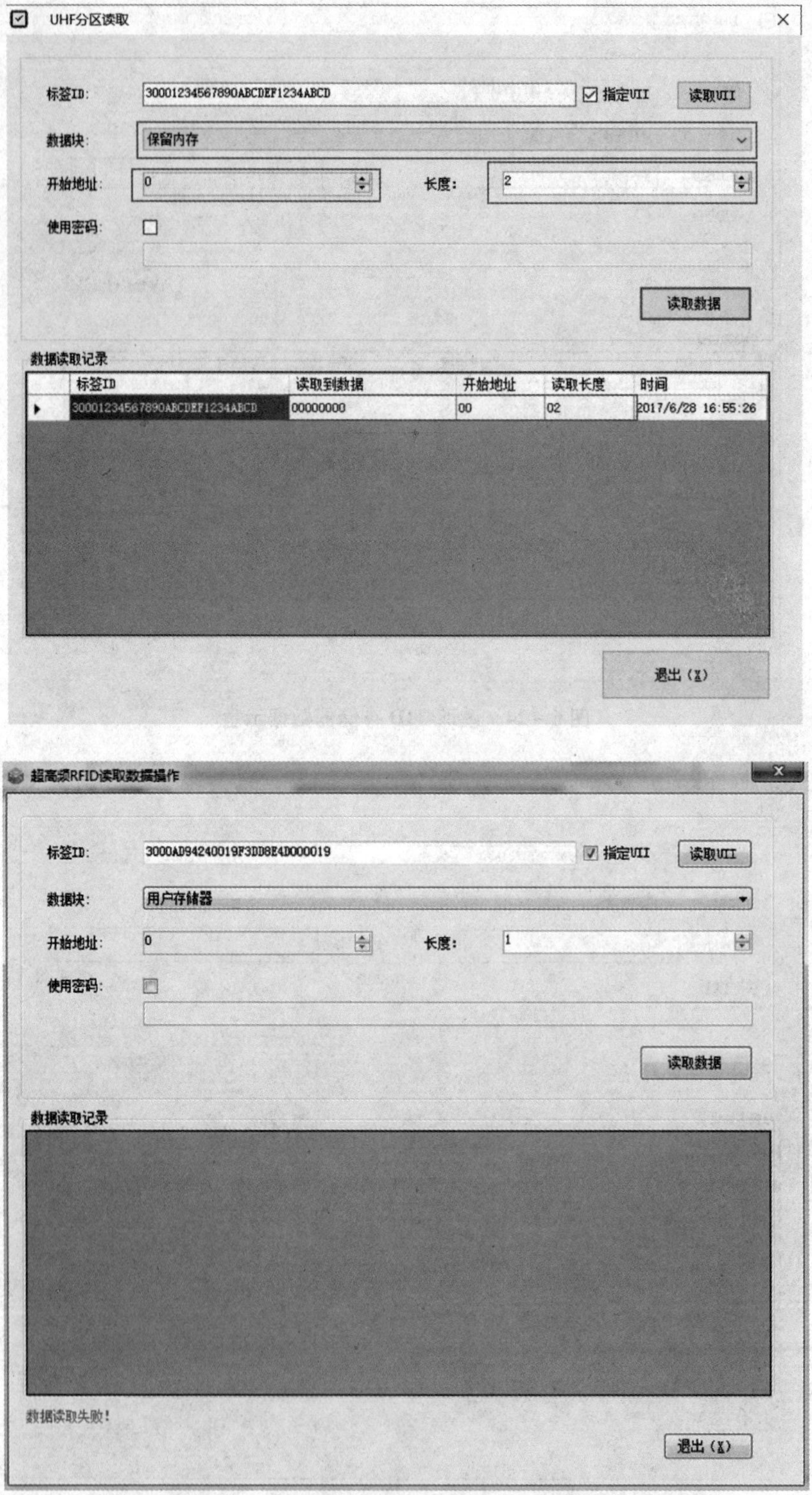

图 6 – 26 读取保留内存灭活密码数据及读取用户存储器数据示意

根据读写器生产厂家不同，执行命令时需要使用密码作为命令的一部分进行操作（读取数据也是一个命令）。

6.3.4 超高频 RFID 写入、擦除数据

目的：理解超高频 RFID 储存体系结构；进一步了解超高频 RFID 数据写入和擦除原理及实现过程。

内容：使用平台软件（LogisTechBase.exe）中的超高频 RFID 模块控制超高频 RFID 模块完成超高频写入和擦除工作。

设备：超高频 RFID 模块；一台带有 USB 接口、装有物流信息技术与信息管理实验平台软件（LogisTechBase.exe）、运行环境为 Windows7 以上的 PC 机，超高频标签。

操作步骤如下。

第一步，安装超高频 RFID 识别天线，连接实验箱和上位机之间的串口线，开启实验箱电源，将串口开关置于超高频 RFID 模块上，确保串口选择正确，点击超高频 RFID 栏下的"超高频分区写入"按钮，打开后界面如图 6-27 所示。其中方框

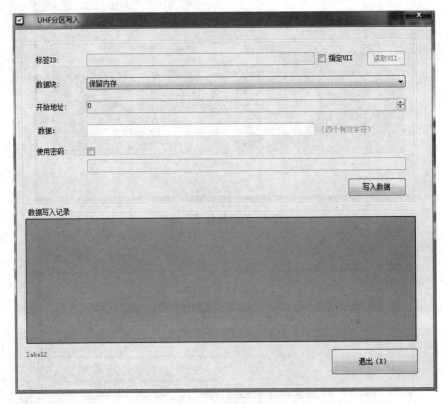

图 6-27　数据写入界面示意

125

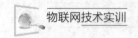
内的数据块可供选择写入的分区，开始地址为开始写入的位置，数据栏写入的数据为 4 位十六进制有效字符。

第二步，写入数据，本节以 EPC 存储器为例进行数据写入实验的操作。选择数据块为 EPC 存储器，选择写入的地址（开始地址参见 6.3.3 节），然后在数据框输入要写入的 4 位十六进制数据。当选择开始地址为 0，选择输入的数据为 1234，其实验结果如图 6 - 28 所示。当点击"写入数据"按钮时，提示如图 6 - 29 所示（写入数据时，会更改标签的某些内容，根据更改的内容有可能造成标签的杀死，不可用或更改重要信息）。

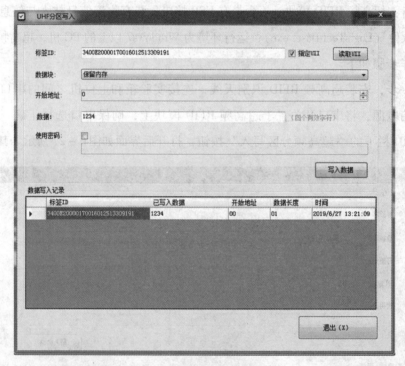

图 6 - 28　默认值示意

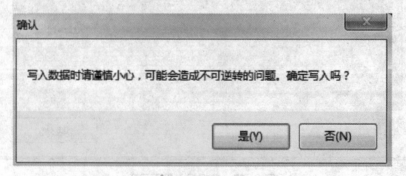

图 6 - 29　提示示意

超高频分区写入实验开始地址的设置和写入数据的长度，应与要写入的分区存储器的特性相结合，其具体的写入地址和写入长度可根据分区读取实验的参数设置进行实验设置，其他分区的写入实验可参考上述储存区的写入实验进行。

第三步，点击超高频 RFID 栏下的"超高频数据擦除"按钮，打开后界面如图 6−30 所示。其中灰色的数据块可供选擦除的分区，开始地址为开始擦除的位置，擦除长度为要擦除的数据的长度，1 个长度代表 4 个十六进制的有效字符。该命令是指对 RFID 的指定地址进行擦除数据并恢复为 0000 的操作。读取标的 UII，选择需要擦除数据的数据块、地址和长度，然后点击"擦除数据"。如图 6−31 所示（由于标签不支持擦除命令，所以不能显示出擦除后的记录）。

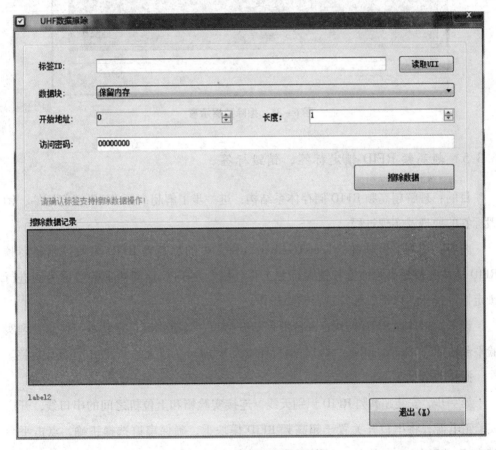

图 6−30　擦除数据界面示意

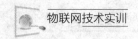
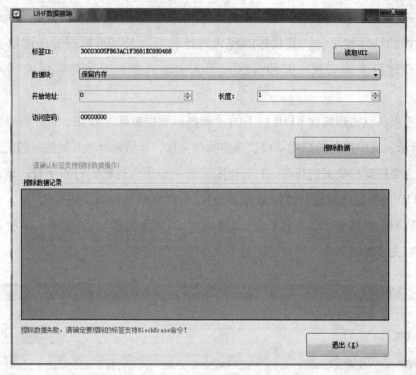

图 6 - 31　擦除数据示意

6.3.5　超高频 RFID 锁定标签、销毁标签

目的：理解超高频 RFID 储存体系结构；进一步了解超高频 RFID 锁定标签、销毁标签的原理及实现过程。

内容：使用平台软件（LogisTechBase. exe）中的超高频 RFID 模块控制超高频 RFID 模块完成超高频锁定和销毁标签工作。以锁定 EPC 存储器上的数据为例进行锁定标签操作，以销毁标签进行销毁操作。

设备：超高频 RFID 模块；一台带有 USB 接口、装有物流信息技术与信息管理实验平台软件（LogisTechBase. exe）、运行环境为 Windows7 以上的 PC 机，超高频标签。

操作步骤如下。

第一步，安装超高频 RFID 识别天线，连接实验箱和上位机之间的串口线，开启实验箱电源，将串口开关置于超高频 RFID 模块上，确保串口选择正确，点击平台（LogisTechBase. exe）中的"超高频 RFID 单步操作"按钮（如图 6 - 32 所示），在下拉菜单中选择"锁定"按钮，打开后界面如图 6 - 33 所示。锁定命令指有些标签不希望被人更改，所以使用锁定命令来保护标签不被改写。打开的超高频 RFID 锁定标签操作界面中，标签 ID 可进行标签 UII 选择，访问密码为初始值，可在锁定区域进行选择锁定操作。

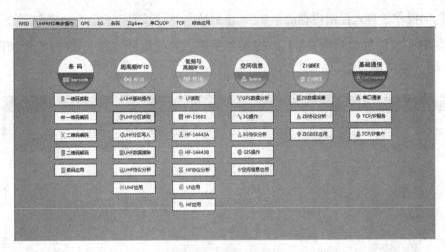

图 6－32　选择超高频 RFID 单步操作按钮示意

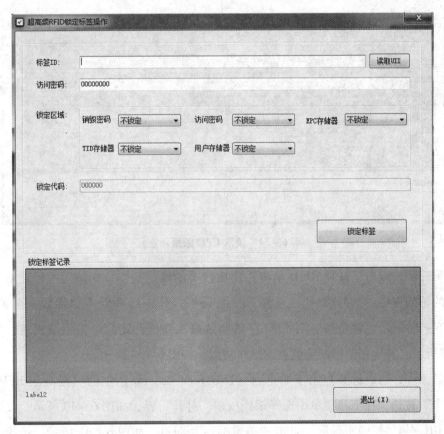

图 6－33　超高频 RFID 锁定标签操作界面示意

129

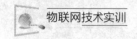

第二步，读取 EPC 存储器上各个地址位上的数据，如图 6 - 34 所示。当访问密码为初始密码"00000000"时不能进行锁定标签操作，如图 6 - 35 所示，所以首先写入数据操作，写入保留内存的第 2、3 位地址，每一长度为 4 个十六进制字符（保留内存中 4 位地址分别为 0、1 位的 8 个字符为杀死密码，2、3 位的 8 个访问密码），写入密码如图 6 - 36 所示。

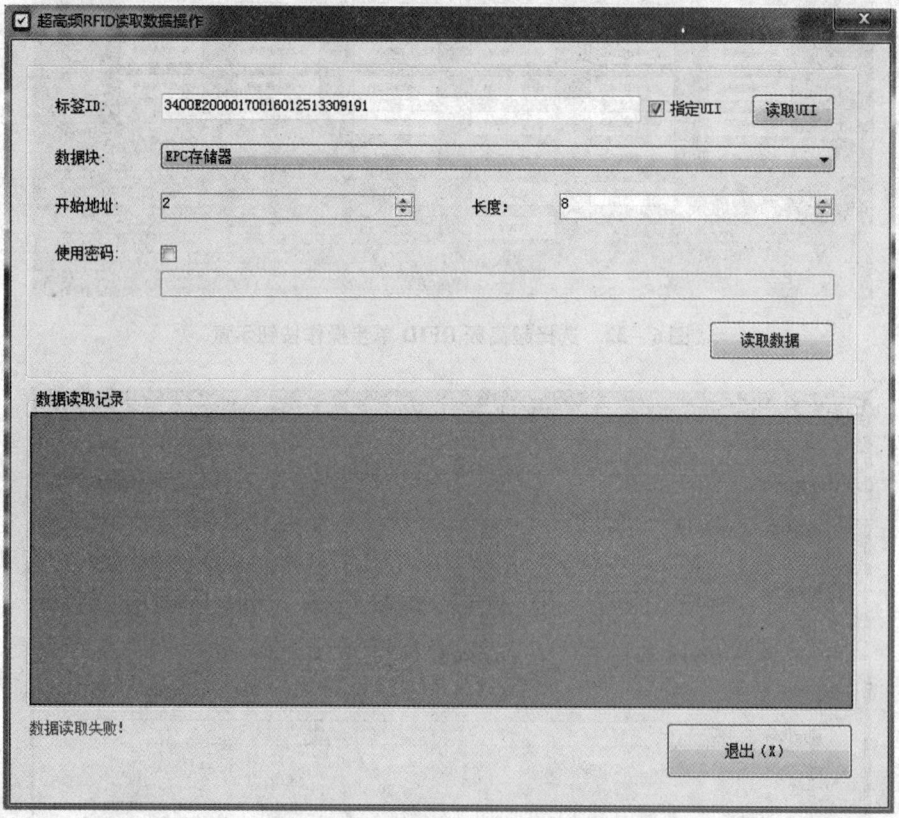

图 6 - 34　读取 EPC 数据示意

第三步，点击超高频 RFID 单步操作按钮下的锁定操作，在访问密码处填写刚写入的访问密码"12341234"，选择 EPC 存储器操作，对 EPC 存储器做永久锁定，如图 6 - 37 所示。锁定后，对 EPC 存储器做写入操作，此命令将不被执行，如图 6 - 38 所示。其他存储器锁定数据的操作类似，如图 6 - 39 所示。

第四步，销毁标签点击实验平台（LogisTechBase. exe）中的"超高频 RFID 单步操作"按钮，在下拉菜单中选择杀死按钮，打开后界面如图 6 - 40 所示。读取标签的 UII，提供销毁密码后，点击"销毁标签"即可，如图 6 - 41 所示。销毁后该RFID 标签读取、写入等操作将永远无法使用。

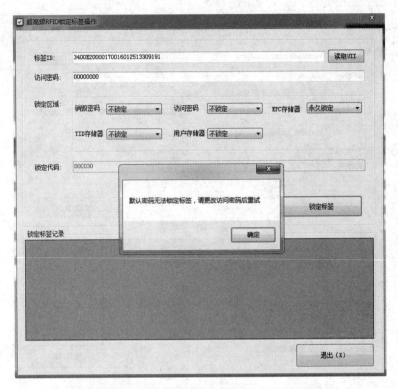

图 6 - 35 默认密码下无法锁定标签提示示意

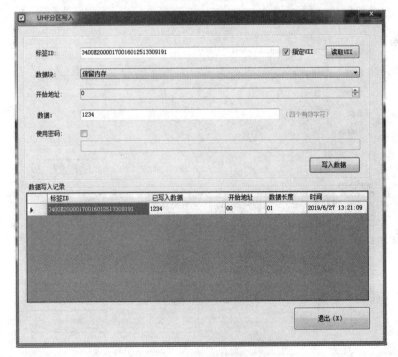

图 6 - 36 写入访问密码示意

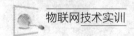

图 6 - 37　对 EPC 存储器锁定示意

图 6 - 38　EPC 存储器写入命令不执行示意

图 6-39　各个存储器和各个命令锁定示意

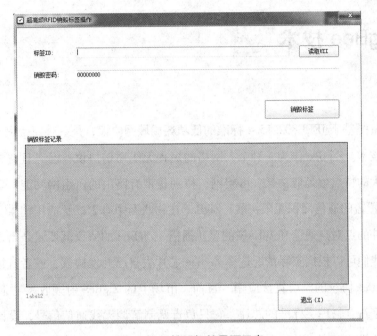

图 6-40　销毁标签界面示意

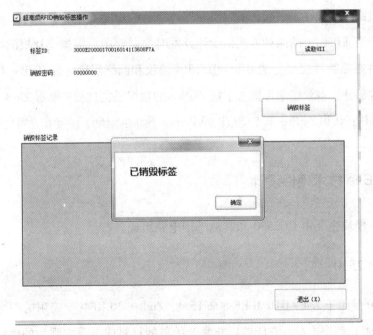

图 6-41　销毁标签示意

7 ZigBee 技术

ZigBee 是基于 IEEE802.15.4 标准的低功耗局域网协议,是一种短距离、低功耗的无线通信技术。ZigBee 作为一种个人网络的短程无线通信协议,已经日益为大家所熟知,它最大的特点就是低功耗、可组网,特别是带有路由的可组网功能,理论上可以使 ZigBee 覆盖的通信面积无限扩展。ZigBee 在物联网中有着广泛应用前景,但相对于蓝牙、红外的点对点通信和 WLAN 的星状通信,ZigBee 的协议就要复杂得多,在物联网实训中我们可以根据实际情况选择 ZigBee 芯片去自己开发协议,或者直接选择已经带有了 ZigBee 协议的模块直接应用。目前,市场上的 ZigBee 射频收发 "芯片" 实际上只是一个符合物理层标准的芯片,它只负责调制解调无线通信信号,设计开发时必须结合单片机才能完成对数据的接收发送和协议的实现。对于单芯片也只是把射频部分和单片机部分集成在了一起,不需要额外的一个单片机,并没有包含 ZigBee 协议在里面。对于当前市面上的两种方式,设计开发时都需要用户根据单片机的结构和寄存器的设置并参照物理层部分的 IEEE802.15.4 协议和网络层部分的 ZigBee 协议去开发所有的软件部分。本章使学生能够了解 ZigBee 的数据采集过程;掌握 ZigBee 节点的连接和断开操作;认识 ZigBee 节点类型以及 ZigBee 收集的温度、湿度和光照度的曲线。

7.1 ZigBee 技术硬件设计

ZigBee 模块主要由 CC2530 和其他外围电路组成。

7.1.1 CC2530

CC2530 是用于 2.4 – GHz IEEE 802.15.4、ZigBee 和 RF4CE 应用的一个真正的片上系统(SoC)解决方案。它能够以非常低的总的材料成本建立强大的网络节点。结合了领先的 RF 收发器的优良性能，业界标准的增强型 8051 CPU，系统内可编程闪存，8 - KB RAM 和许多其他强大的功能。CC2530 有四种不同的闪存版本：CC2530F32/64/128/256，分别具有 32/64/128/256KB 的闪存。CC2530 具有不同的运行模式，使得它尤其适应超低功耗要求的系统。运行模式之间的转换时间短进一步确保了低能源消耗。

　　CC2530 模块大致可以分为三类：CPU 和内存相关的模块，外设、时钟和电源管理相关的模块，以及无线电相关的模块 ［即 IEEE802.13.4MAC 定时器，3 个通用定时器（1 个 16 位，2 个 8 位），具有捕获功能的 32KHz 睡眠定时器，8 路可配置的 12 位 ADC 等］。其结构框如图 7 - 1 所示。

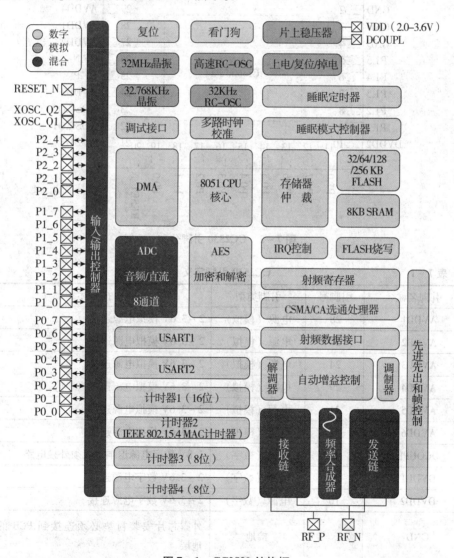

图 7 - 1　CC2530 结构框

　　CC2530 所采用的封装形式共 40 个引脚，引脚分布如图 7 - 2 所示。各引脚定义如表 7 - 1 所示。电气特性如表 7 - 2 所示。

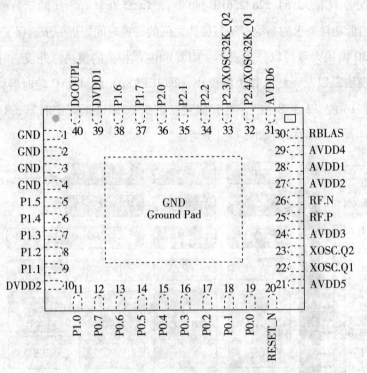

图 7 - 2　CC2530 引脚分布

表 7 - 1　　　　　　　　　　　　　　　　CC2530 引脚定义

引脚名称	引脚号	引脚类型	描　述
AVDD1	28	电源（模拟）	2 ~ 3.6V 模拟电源连接
AVDD2	27	电源（模拟）	2 ~ 3.6V 模拟电源连接
AVDD3	24	电源（模拟）	2 ~ 3.6V 模拟电源连接
AVDD4	29	电源（模拟）	2 ~ 3.6V 模拟电源连接
AVDD5	21	电源（模拟）	2 ~ 3.6V 模拟电源连接
AVDD6	31	电源（模拟）	2 ~ 3.6V 模拟电源连接
DCOUPL	40	电源（数字）	1.8V 数字电源退耦，无须外接电路
DVDD1	39	电源（数字）	2 ~ 3.6V 数字电源连接
DVDD2	10	电源（数字）	2 ~ 3.6V 数字电源连接
GND		接地	外露芯片安装衬垫必须连接到 PCB 的接地层

引脚名称	引脚号	引脚类型	描 述
GND	1，2，3，4	未使用引脚	连接到 GND
P0.0	19	数字 I/O	端口 0.0
P0.1	18	数字 I/O	端口 0.1
P0.2	17	数字 I/O	端口 0.2
P0.3	16	数字 I/O	端口 0.3
P0.4	15	数字 I/O	端口 0.4
P0.5	14	数字 I/O	端口 0.5
P0.6	13	数字 I/O	端口 0.6
P0.7	12	数字 I/O	端口 0.7
P1.0	11	数字 I/O	端口 1.0，具有 20mA 驱动能力
P1.1	9	数字 I/O	端口 1.1，具有 20mA 驱动能力
P1.2	8	数字 I/O	端口 1.2
P1.3	7	数字 I/O	端口 1.3
P1.4	6	数字 I/O	端口 1.4
P1.5	5	数字 I/O	端口 1.5
P1.6	38	数字 I/O	端口 1.6
P1.7	37	数字 I/O	端口 1.7
P2.0	36	数字 I/O	端口 2.0
P2.1	35	数字 I/O	端口 2.1
P2.2	34	数字 I/O	端口 2.2
P2.3/XOSC32K.Q2	33	数字 I/O，模拟 I/O	端口 2.3/32.768KHzXOSC
P2.4/XOSC32K.Q1	32	数字 I/O，模拟 I/O	端口 2.4/32.768KHzXOSC
RBLAS	30	模拟 I/O	用于连接提供基准电流的外接精密偏置电阻器
RESET.N	20	数字输入	复位，低电平有效
RF.N	26	RF I/O	接收时，负 RF 输出信号到 LNA；发送时，来自 PA 的负 RF 输出信号
RF.P	25	RF I/O	接收时，正 RF 输出信号到 LNA；发送时，来自 PA 的正 RF 输出信号
XOSC.Q1	22	模拟 I/O	32MHz 晶体振荡器引脚1，或外接时钟输入
XOSC.Q2	23	模拟 I/O	32MHz 晶体振荡器引脚2

表 7-2　　　　　　　　　　　　　　CC2530 电气特性

参数	测试条件	典型值	最大值	单位
Icore 内核电流消耗	数字稳压器开启，16MHzRCOSC 振荡器运行，无 RF、晶体振荡或外部设备。CPU 活动性中，正常 HLASH 存取，无 RAM 存取	3.4		mA
	32MHzXOSC 运行，无 RF 或外部设备。CPU 活动性中，正常 FLASH 存取，无 RAM 存取	3.5	8.9	mA
	32MHzXOSC 运行，RF 处于接收模式。50dBm 输入功率，无外部设备活动，CPU 空闲	20.5		mA
	32MHzXOSC 运行，RF 处于接收模式。100dBm 输入功率（等待信号），无外部设备活动，CPU 空闲	23.3	29.6	mA
	32MHzXOSC 运行，RF 处于发送模式。1dBm 输出功率，无外部设备活动，CPU 空闲	28.7		mA
	32MHzXOSC 运行，RF 处于发送模式。3.5dBm 输出功率，无外部设备活动，CPU 空闲	33.5	39.6	mA
	电源模式 1：数字稳压器接通，16MHzRC 振荡器和 32MHz 振荡器关闭。32.768MHzXOSC，上电复位，掉电检测和睡眠定时器有效。RAM 和寄存器保持	0.2	0.3	mA
	电源模式 2：数字稳压器关闭，16MHzRC 振荡器和 32MHz 振荡器关闭。32.769MHzXOSC，上电复位和睡眠定时器有效。RAM 和寄存器保持	1	2	uA
	电源模式 3：数字稳压器关闭，无时钟，上电复位效。RAM 和寄存器保持	0.4	1	uA
Iperi	外部设备电流消耗（若外设单元使能，则添加到内核电流 Icore）			
	定时器 1　定时器运行，32MHzXOSC 启用	90		uA
	定时器 2　定时器运行，32MHzXOSC 启用	90		uA
	定时器 3　定时器运行，32MHzXOSC 启用	60		uA
	定时器 4　定时器运行，32MHzXOSC 启用	70		uA
	睡眠定时器　包括 32.753KHzRC 振荡器	0.6		uA
	ADC　当时转换	1.2		mA
	Flash　擦除	1		mA
	Flash 擦除　突发性峰值电流	6		mA

注：$T_A = 25℃$，$VDD = 3V$。

7.1.2 CC2530 内部组件

8051CPU：内核是一个单周期的 8051 兼容内核。它有三种不同的内存访问总线：单周期访问 SFR、DATA 和主 SRAM。它还包括一个调试接口和一个 18 输入扩展中断单元。

中断控制器：共提供了 18 个中断源，分为 6 个中断组，每组与 4 个中断优先级之一相关。当设备从活动模式回到空闲模式，任一中断服务请求就被激发。一些中断还可以从睡眠模式（供电模式 1~3）唤醒设备。

内存仲裁器：位于系统中心，它通过 SFR 总线把 CPU 和 DMA 控制器和物理存储器以及所有外设连接起来。内存仲裁器有 4 个内存访问点，每次访问可以映射到 3 个物理存储器之一：一个 8 – KB SRAM、闪存存储器和 XREG/SFR 寄存器。它负责执行仲裁，并确定同时访问同一个物理存储器之间的顺序。8 – KB SRAM 映射到 DATA 存储空间和部分 XDATA 存储空间。8 – KB SRAM 是一个超低功耗的 SRAM，即使数字部分掉电（供电模式 2 和 3）也能保留其内容。这是对于低功耗应用来说是很重要的一个功能。32/64/128/256 KB 闪存块为设备提供了内电路可编程的非易失性程序存储器，映射到 XDATA 存储空间。除了保存程序代码和常量以外，非易失性存储器允许应用程序保存必须保留的数据，这样设备重启之后可以使用这些数据。使用这个功能，例如可以利用已经保存的网络具体数据，就不需要经过完全启动、网络寻找和加入过程。

时钟和电源管理：数字内核和外设由一个 1.8V 低差稳压器供电。它提供了电源管理功能，可以实现使用不同供电模式的长电池寿命的低功耗运行。有五种不同的复位源来复位设备。

外设：CC2530 包括许多不同的外设，允许应用程序设计者开发先进的应用。

调试接口：执行一个专有的两线串行接口，用于内电路调试。通过这个调试接口，可以执行整个闪存存储器的擦除、控制使能哪个振荡器、停止和开始执行用户程序、执行 8051 内核提供的指令、设置代码断点，以及内核中全部指令的单步调试。使用这些技术，可以很好地执行内电路的调试和外部闪存的编程。

闪存存储器：以存储程序代码。闪存存储器可通过用户软件和调试接口编程。闪存控制器处理写入和擦除嵌入式闪存存储器。闪存控制器允许页面擦除和 4 字节

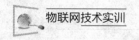
编程。

I/O 控制器：负责所有通用 I/O 引脚。CPU 可以配置外设模块是否控制某个引脚或它们是否受软件控制，如果是的话，每个引脚配置为一个输入还是输出，是否连接衬垫里的一个上拉或下拉电阻。CPU 中断可以分别在每个引脚上使能。每个连接到 I/O 引脚的外设可以在两个不同的 I/O 引脚位置之间选择，以确保在不同应用程序中的灵活性。

DMA 控制器：CC2530 内置一个 DMA 控制器，用以减轻 8051CPU 内核数据传送负担，仅需 8051CPU 极少的干预，DMA 控制器便可以将数据从 ADC 或 RF 收发器等外部设备直接传送至存储器。DMA 控制器主要功能为协调全部 DMA 传送，确保 DMA 请求与 CPU 存取之间能够按照优先等级合理、高效地进行。其主要性能如下：

(1) 5 个独立的 DMA 通道。

(2) 3 个可配置的 DMA 通道优先级。

(3) 32 个可配置的传送出发事件。

(4) 源地址与目标地址独立控制。

(5) 单独传送、数据传送及重复传送 3 种传送模式。

(6) 可在字模式与字节模式中自由转换。

MAC 定时器（定时器 2）：是专门为支持 IEEE 802.15.4 MAC 或软件中其他时槽的协议设计。定时器有一个可配置的定时器周期和一个 8 位溢出计数器，可以用于保持跟踪已经经过的周期数。一个 16 位捕获寄存器也用于记录收到/发送一个帧开始界定符的精确时间，或传输结束的精确时间，还有一个 16 位输出比较寄存器可以在具体时间产生不同的选通命令（开始 RX，开始 TX，等等）到无线模块。定时器 3 和定时器 4 是 8 位定时器，具有定时器/计数器/PWM 功能。它们有一个可编程的分频器，一个 8 位的周期值，一个可编程的计数器通道，一个 8 位的比较值。每个计数器通道可以看作一个 PWM 输出。

睡眠定时器：是一个超低功耗的定时器，计算 32kHz 晶振或 32kHzRC 振荡器的周期。睡眠定时器在除了供电模式 3 的所有工作模式下不断运行。这一定时器的典型应用是作为实时计数器，或作为一个唤醒定时器跳出供电模式 1 或 2。

ADC：支持 7~12 位的分辨率，分别在 30kHz 或 4kHz 的带宽。DC 和音频转换可以使用高达 8 个输入通道（端口 0）。输入可以选择作为单端或差分。参考电压可以是内部电压、AVDD 或是一个单端或差分外部信号。ADC 还有一个温度传感输入通道。ADC 可以自动执行定期抽样或转换通道序列的程序。

7.1.3 ZigBee 模块电路原理图、PCB 板图及实物图

ZigBee 模块电路原理图及 PCB 板图，如图 7-3 至图 7-8 所示。

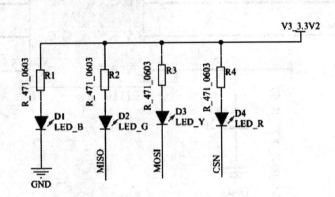

图 7-3 ZigBee 模块电路原理图 (1)

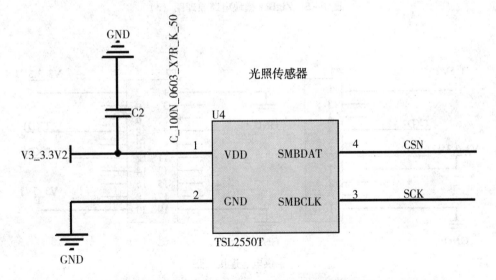

图 7-4 ZigBee 模块电路原理图 (2)

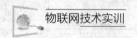

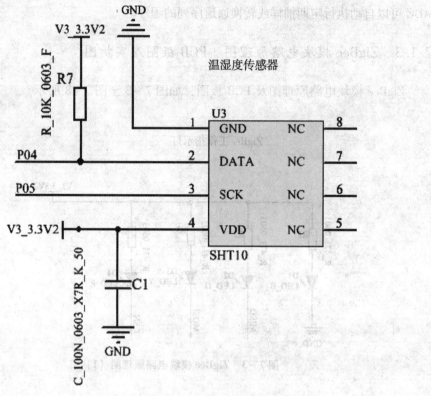

图 7 – 5 **ZigBee** 模块电路原理图（3）

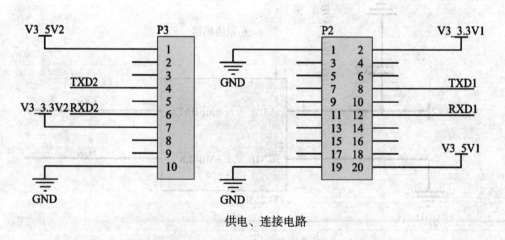

供电、连接电路

图 7 – 6 **ZigBee** 模块电路原理图（4）

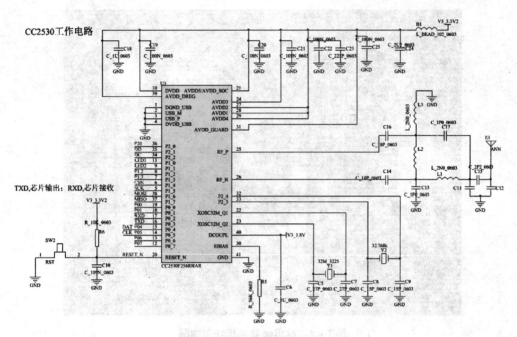

图 7 – 7　ZigBee 模块电路原理图（5）

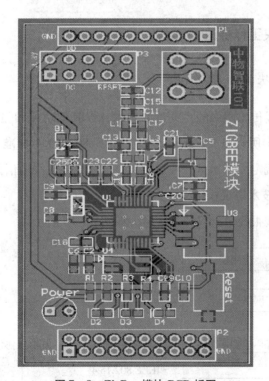

图 7 – 8　ZigBee 模块 PCB 板图

通过上述设计 ZigBee 模块硬件实物图如图 7 – 9 所示。

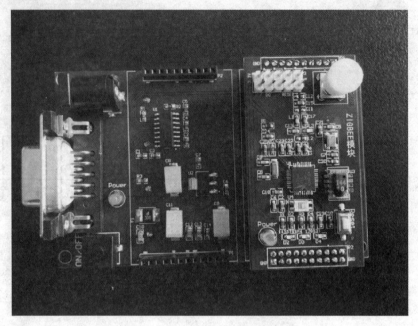

图 7 – 9 ZigBee 技术模块实物图

7.2 ZigBee 模块工作原理及流程

7.2.1 ZigBee 模块工作原理

ZigBee 作为无线传感网中的一项重要技术，以其低功耗和强大传感功能，为研发物联网技术的人士所青睐。ZigBee 是基于 IEEE802. 13. 4 标准的低功耗个域网协议。根据这个协议规定的技术是一种短距离、低功耗的无线通信技术。

1. ZigBee 无线技术协议栈结构

ZigBee 的协议栈很简单，仅分为 4 层，如图 7 – 10 所示。

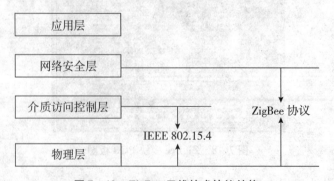

图 7 – 10 ZigBee 无线技术协议结构

PHY 层和 MAC 层采用 IEEE 802.13.4 协议标准，其中 PHY 层提供了两种类型的服务：通过物理层管理实体接口对 PHY 层数据和 PHY 层管理提供服务。PHY 层数据服务可以通过无线物理信道发送和接收物理层协议数据单元来实现。

2. ZigBee 原理

以图 7 – 11 为例进行说明。

基站：如图 7 – 11 所示的大圆圈就是指基站，各个基站之间是可以相互进行数据传输的（要求在传输距离之内），通过这个网络，不同的数据就可以得到传输和共享。而设备就需要具备可以进行数据发送的功能，并且是可以无线发送的功能。这些发送数据的设备发送的数据被各个可以接收到信号的基站接收了信号，信号从这个基站再往各个方向的基站发送。

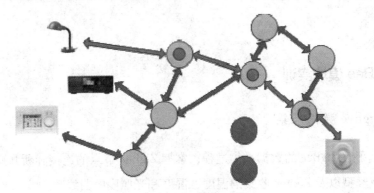

图 7 – 11　网络拓扑结构

接收机：信号接收机不断地从各个基站接收信号，并判断是不是传送给自己的信号，若是的话就可以进行信号的接收。在整个系统中，信号的发送和接收以及基站数据的传输和共享都是全自动的，系统会自动选择一个最方便、最快速的方案来完成网络数据信号的传输。也就是通常说的自组织网通信方式，采用的是动态路由结合网状拓扑结构。

ZigBee 网络可由多到 65000 个无线数传模块组成一个无线数传网络平台，在整个网络范围内，它们之间可进行相互通信；每个网络节点间的距离可以从标准的 75 米，到扩展后的几百米，甚至几千米；另外，整个 ZigBee 网络还可以与现有的其他的各种网络连接。

ZigBee 网络的工作过程包括以下 3 个。

（1）操作状态：包括两种，Active 工作状态和 Sleep 停止运行状态。

（2）设备类型：包括全功能设备 FFD's，精简功能设备 RFD's，所有设备遵守

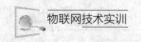

IEEE 编制规范。

（3）运行模式：Beacom 和 Non – beacon 两种模式。

7.2.2　ZigBee 模块工作流程

首先，打开电源开关，ZigBee 模块主节点上电，打开该模块相应串口，打开 ZigBee 技术模块子节点电源开关，子节点开始工作。

其次，ZigBee 模块子节点载有的光强度、温湿度传感器感受外界信息，将其转换成相应的电波信号传送至 ZigBee 模块主节点。

再次，主节点收到电波信号，将其以相应的串口信号传送至上位机软件。

最后，上位机软件经过一系列的计算将电波信号解析为外界信息，在软件界面显示。

7.3　ZigBee 模块实训

7.3.1　ZigBee 数据采集

目的：了解 ZigBee 的数据采集过程；掌握 ZigBee 节点的连接和断开操作；认识 ZigBee 节点类型以及 ZigBee 收集的温度、湿度和光照度的曲线。

内容：ZigBee 模块的连接和断开；使用物联网实验平台软件中的 ZigBee 节点进行环境温湿度、光照度采集。

设备：一个 ZigBee 主节点，若干个 ZigBee 网络节点；一台带有 USB 接口、装有物流信息技术与信息管理实验平台软件（LogisTechBase. exe）、运行环境为 Windows7 以上的 PC 机。

操作步骤如下。

第一步，在指定位置安装 ZigBee 节点。

第二步，连接实验平台和上位机之间的串口线。

第三步，开启实验平台电源，开启 ZigBee 电源。

第四步，开启物联网实验平台软件中的 ZigBee 实验中的数据采集实验，如图 7 – 12所示。打开后界面如图 7 – 13 所示。

第五步，单击"开始"按钮，扫描子节点，开始监测节点所在位置的当前温度、湿度和光照。如图 7 – 14、图 7 – 15、图 7 – 16 所示。

第六步，数据采集完毕后，单击"结束"按钮，退出平台。

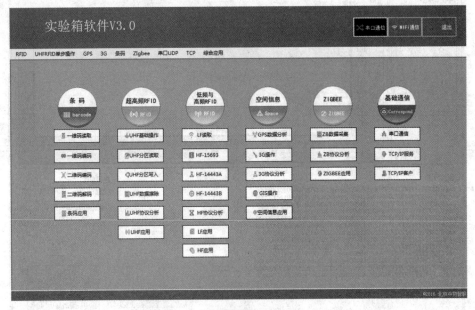

图 7 - 12　数据采集实验位置示意

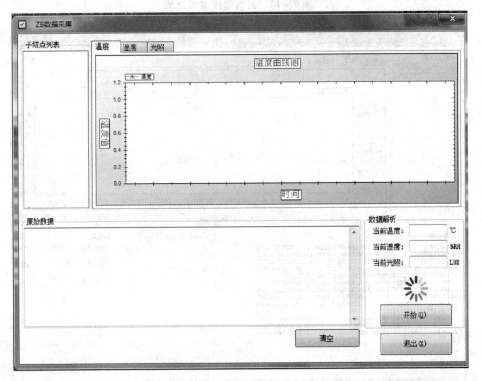

图 7 - 13　ZigBee 数据采集实验界面示意

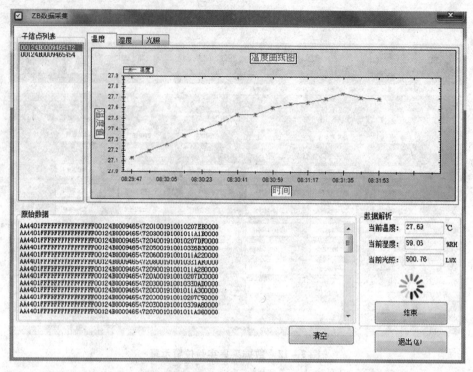

图 7 – 14　当前温度监测结果

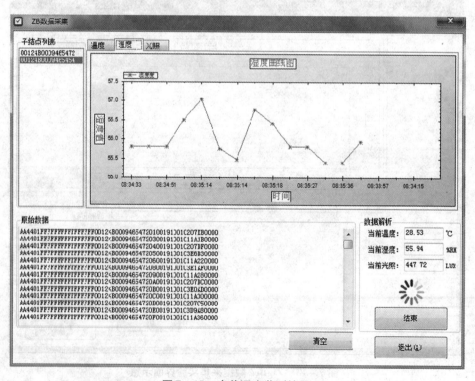

图 7 – 15　当前湿度监测结果

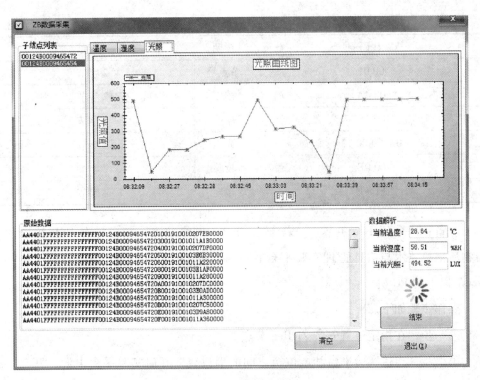

图 7 - 16　当前光照监测结果

7.3.2　ZigBee 协议分析

目的：认识 ZigBee 协议通信原理和通信过程。

内容：使用平台中的 ZigBee 节点进行环境温湿度、光照度数据采集；通过软件显示的数据包进行协议分析。

IEEE 802.13.4 协议中数据包的结构为包头（2 字节）、长地址（8 字节）、节点号、湿度、温度、光强、校验、包尾。每个数据包括 24 个字节，以 00 开头，FFFF结束，如表 7 - 3 所示。

下面举例说明一个数据包：

00 37 00 15 8D 00 00 0A E2 3A 00 01 00 4A 00 0A D9 00 78 00 0E FF FF

表 7 - 3　　　　　　　　IEEE 802.13.4 数据包格式

代码	说明	备注
00 37	包头	2 字节
00 15 8D 00 00 0A E2 3A	长地址	8 字节

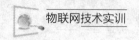

续　表

代码	说明	备注
00 01	节点号	2 字节
00 4A	湿度	2 字节
00 1E	温度	2 字节
0A D9 00 73	光强	2 字节
00 0E	校验	2 字节
FF FF	包尾	2 字节

设备：一个 ZigBee 主节点，若干个 ZigBee 网络节点；一台带有 USB 接口、装有物流信息技术与信息管理实验平台软件（LogisTechBase. exe）、运行环境为 Windows7 以上的 PC 机。

操作步骤如下。

第一步，在指定位置安装 ZigBee 节点。

第二步，连接实验平台和上位机之间的串口线，开启实验平台电源，开启 ZigBee 模块电源。

第三步，开启软件物流信息技术与信息管理实验硬件平台中的 ZigBee 实验中的协议分析实验，如图 7 – 17、图 7 – 18 所示。

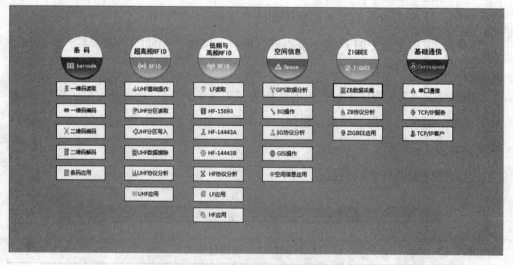

图 7 – 17　数据采集实验位置示意

第四步，在协议分析实验串口设置选项中可以选择正确的串口号和波特率，也可在文件选项中配置，如图 7 – 19 所示。选择"十六进制显示"选项，如图

图7-18 协议分析实验界面示意

7-20所示。

第五步，点击"打开串口"，打开节点电源，接收数据，如图7-21所示。根据上述步骤中的要求实验原理分析协议。

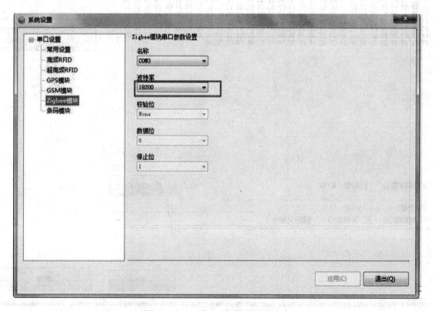

图7-19 串口设置界面示意

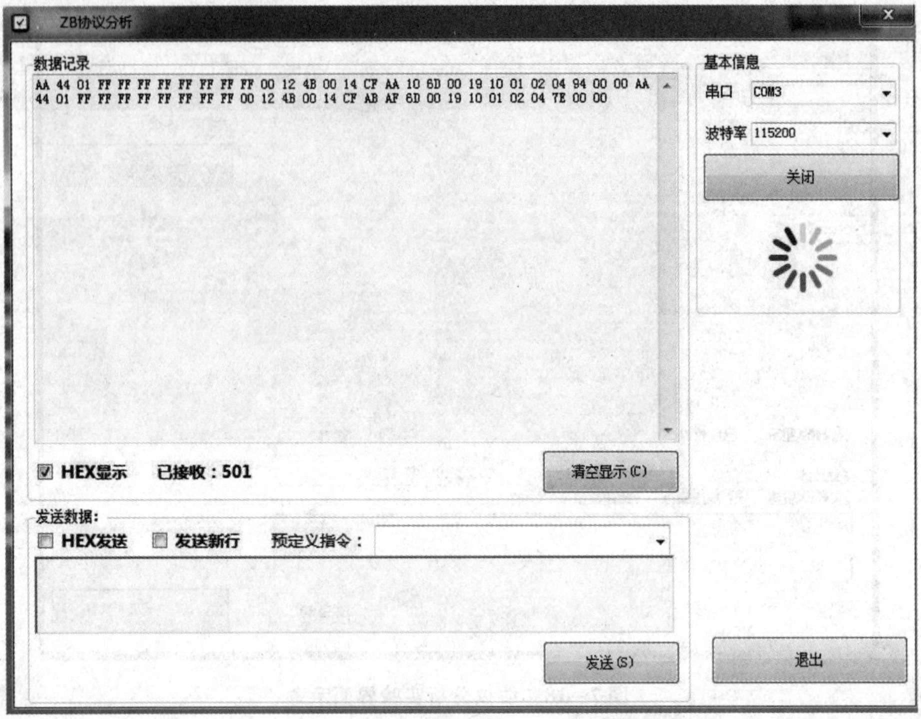

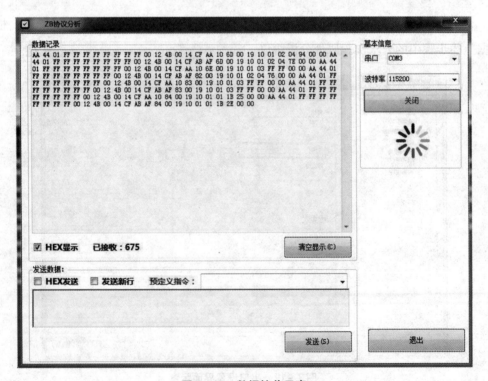

图 7 - 20　十六进制选择示意

图 7 - 21　数据接收示意

8 3G 技术

3G 是第三代移动通信技术，是指将无线通信与国际互联网等多媒体通信结合的新一代移动通信系统。它能够处理图像、语音、视频流等多种媒体形式，提供包括网页浏览、电话会议、电子商务等多种信息服务，为手机融入多媒体元素提供强大的支持。3G 技术的主要目标定位于实时视频、高速多媒体和移动 Internet（互联网）访问业务，致力于利用先进的空中接口技术、核心包分组技术，再加上对频谱的高效利用，为用户提供更好的语音、文本和数据服务。与现有的技术相比较而言，3G 技术的主要优点是能极大地增加系统容量、提高通信质量和数据传输速率。此外利用在不同网络间的无缝漫游技术，可将无线通信系统和 Internet 连接起来，从而可对移动终端用户提供更多更高级的服务。物联网的应用和发展离不开 3G 技术，为了能更好地利用 3G 网络加快物联网的发展，加深对 3G 基本原理的了解，掌握相关的指令以及 3G 模块与计算机的接口，本章进行了 3G 技术硬件/软件设计及 3G 模块实训。

8.1 3G 模块硬件设计

3G 模块可放入手机 SIM 卡，该模块主要完成短信收发、语音通话、无线数据传输实验。3G 模块的核心组件是 SIMCom 的 SIM800C，周边组件为：SIM 卡卡槽、外接耳机（及接口）、外接天线（及接口）、电源开关、开机按钮等。

8.1.1 SIM800C

SIM800C 模块可支持 4 频 GSM（全球移动通信系统）/GPRS（通用分组无线服务技术），工作的频段为：GSM850、EGSM900、DCS1800 和 PCS1900 MHz。模块的尺寸只有 14.6mm×13.7mm×2.3mm，几乎可以满足所有用户应用中对空间尺寸的

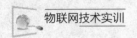

要求。模块的物理接口为 42 引脚的 SMT 焊盘，提供了模块的所有硬件接口。

具体的有：两路串口（一路三线串口与一路全功能串口）；一路 USB 接口，便于用户调试、下载软件；一路音频接口，包含麦克风输入和受话器输出；可编程的通用输入输出接口（GPIO）；一路 SIM 卡接口；支持 BT 功能（需要软件版本支持）。

SIM800C 采用省电技术设计，在休眠模式下耗电流低至 0.6mA。

图 8-1 列出了 3G 模块的主要功能部分：基带、射频、天线接口、其他接口。3G 模块引脚分布如图 8-2 所示。模块引脚功能描述如表 8-1 所示。

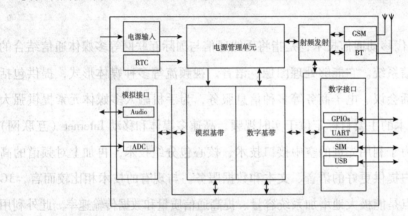

图 8-1　3G 模块功能结构

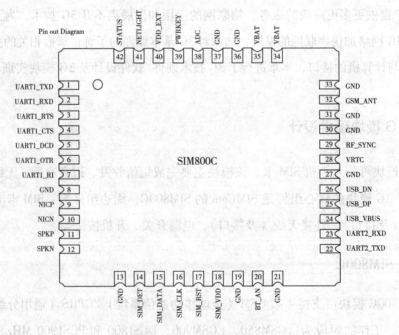

图 8-2　3G 模块引脚分布

表 8 - 1   **3G 模块引脚功能描述**

引脚名称	引脚序号	I/O	描 述	备注
供电				
VBAT	34、35	I	模块提供 2 个 VBAT 电源引脚。SIM800C 采用单电源供电，电压范围为 3.4 ~ 3.4V。电源要能够提供足够的峰值电流以保证在突发模式时高达 2A 的峰值耗流	
VRTC	28	I/O	当系统电源 VBAT 没电时给实时时钟提供电流输入。当 VBAT 有电而且后备电池电压过低时可以给后备电池进行充电	VRTC 引脚上接电池或者电容
VDD_ EXT	40	O	2.8V 电源输出	如果不用，保持悬空
GND	8、13、19、21、27、30、31、33、36、37		接地	电源 GND 推荐使用 36、37 脚
开机、关机				
PWRKEY	39	I	通过拉低 PWRKEY 可以实现模块的开启和关闭	模块内部已经上拉至 VBAT
音频接口				
MICP	9	I	音频一路输入正端和负端	如果不用，保持悬空
MICN	10			
SPKP	11	O	音频一路输出正端和负端	
SPKN	12			
GPIO 接口				
NETLIGHT	41	O	网络状态指示灯	如果不用，保持悬空
STATUS	42	O	运行状态指示灯	如果不用，保持悬空

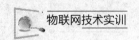

引脚名称	引脚序号	I/O	描　述	备注
串口				
UART1_ DTR	6	I	数据终端准备	不用的引脚，保持悬空
UART1_ RI	7	O	振铃指示	
UART1_ DCD	5	O	数据载波检测	
UART1_ CTS	4	O	清除发送	
UART1_ RTS	3	I	请求发送	
UART1_ TXD	1	O	数据发送	
UART1_ RXD	2	I	数据接收	
UART2_ TXD	22	O	数据发送	
UART2_ RXD	23	I	数据接收	
调试接口				
USB_ VBUS	24	I	用于调试以及下载	如果不用，保持悬空
USB_ DP	25	I/O		
USB_ DN	26	I/O		
模数转换（ADC）				
ADC	38	I	10bit 通用模拟数字转换器	如果不用，保持悬空
外部 SIM 卡接口				
SIM_ VDD	18	O	SIM 卡 1.8V/3V 电源输入	所有引脚预先留 TVS 管位置，防止 ESD 干扰
SIM_ DATA	15	I/O	SIM 卡数据输入/输出	
SIM_ CLK	16	O	SIM 卡时钟	
SIM_ RST	17	O	SIM 卡复位	
SIM_ DET	14	I	外部 SIM 卡在位检测脚	如果不用，保持悬空
天线接口				
GSM_ ANT	32	I/O	连接 GSM 天线	
BT_ ANT	20	I/O	连接 BT 天线	
射频同步信号				
RF_ SYNC	29	O	射频发射同步信号	

8.1.2　SIM800C 接口（引脚）

供电：模块 VBAT 的电压输入以最大功率发射时，电流峰值瞬间最高可达到 2A，从而导致在 VBAT 上有较大的电压跌落。当 VBAT 断开后，用户需要保存实时时钟，即 VRTC 引脚不能悬空，应该外接大电容或者电池，当外接大电容时，推荐值为 100μF，能保持实时时钟 1min。

开机关机：当超过模块的温度和电压限制时不要开启模块。模块一旦检测到这些不适合的条件就会立即关机。在极端的情况下这样的操作会导致模块永久性的损坏。

省电模式：用户可以使模块进入休眠模式 1，或者使模块进入休眠模式 2。在休眠模式下，模块的耗流值非常小。也可以设置模块使之进入最小功能模式。当模块被设置为最小功能模式并且进入休眠模式后，模块的耗流值最小。

串口/USB 口：SIM800C 默认提供一个用于通信的全功能串口。模块是 DCE（Data Communication Equipment）设备，根据传统的 DCE – DTE（Data Terminal Equipment）连接方式连接。

音频接口：模块提供一路模拟音频输入（MICP，MICN）通道可以用于连接麦克风（推荐使用驻极体麦克风），也提供一路模拟音频输出（SPKP，SPKN）。

SIM 卡接口：该模块的外部 SIM 卡接口不仅支持 GSM Phase 1 规范，同时也支持新的 GSM Phase 2 + 规范和 FAST 64 kbps SIM 卡（用于 SIM 应用工具包）。

模数转换器（ADC）：SIM800C 提供了一路 ADC 通道，用户可以使用 AT 命令来读 ADC 引脚上的电压值。

网络状态指示灯：NETLIGHT 信号用来驱动指示网络状态的 LED 灯。

状态指示灯：模块提供一个引脚，当模块开机处于正常工作状态后，该引脚会输出高电平，用户可以通过该引脚的电平来判断模块是否处于开机工作状态。

RF 发射同步信号：模块提供一个引脚，该引脚可以在 GSM 发射 burst（突发脉冲）之前 220us 输出一个高电平，以用作模块射频发射指示。

天线接口：SIM800C 提供了两个天线接口，分别为 GSM 天线接口 GSM_ ANT，蓝牙天线接口 BT_ ANT。使用这两种接口时要注意：两种天线在选用时均需选择工作频带内输入阻抗为 50Ω，驻波系数小于 2 的天线产品；两种天线尽量远离放置；各自端口天线和其他端口天线的隔离度需大于 30dB。

8.1.3　3G 模块电路原理图、PCB 板图及实物图

　　3G 模块电路原理图（包括 3G 模块电源电路图、3G 模块 SIM 卡电路图、3G 模块音频电路图）、PCB 板图，如图 8-3 至图 8-7 所示。

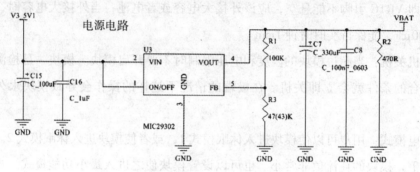

图 8-3　3G 模块电源电路图

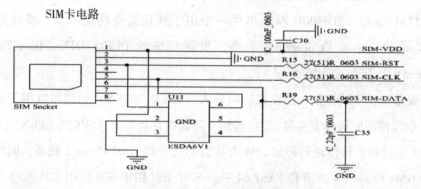

图 8-4　3G 模块 SIM 卡电路图

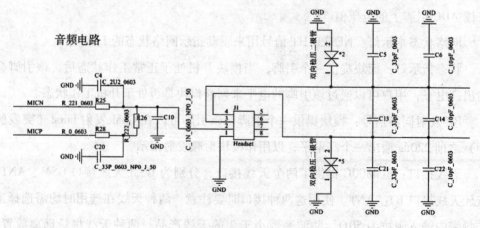

图 8-5　3G 模块音频电路图

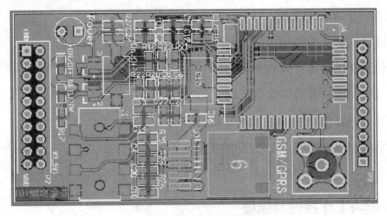

图 8 - 6　3G 模块 PCB 板图（1）

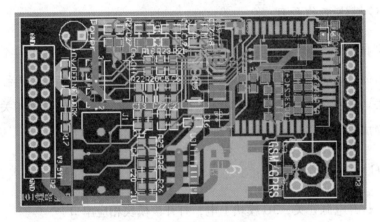

图 8 - 7　3G 模块 PCB 板图（2）

3G 模块实物图如图 8 - 8 所示。

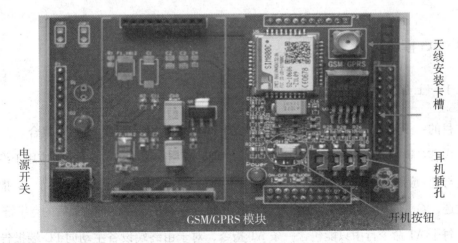

图 8 - 8　3G 模块实物图

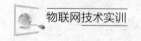

3G 模块各个部位的功能如下。

（1）模块电源开关作用为控制整个模块供电。

（2）长按开机按钮可开启 3G 模块。

（3）天线安装位置能够安装天线。

（4）可将带有 MIC 的耳机插入耳机插孔。

（5）手机 SIM 卡可在 SIM 卡位置放置。

8.2 3G 模块工作原理及流程

8.2.1 3G 模块工作原理

基于扩频技术，即将需传送的具有一定信号的带宽信息数据，用一个带宽远大于信号带宽的高速伪随机码进行调制，使原数据信号的带宽被扩展，再经载波调制并发送出去。接收端使用完全相同的伪随机码，与接收的带宽信号做相关处理，把宽带信号换成原信息数据的窄带信号即解扩，以实现信息通信。

8.2.2 3G 模块工作流程

首先，打开电源开关，3G 模块上电，打开该模块相应串口。

其次，与上位机通过串口连接，形成信息通路。

最后，在上位机软件的操作下，完成与手机之间的文字、语音信息的交换。

8.3 3G 模块实训

8.3.1 上位机控制 3G 模块

目的：了解 3G 基本原理；掌握串口通信软件的使用；熟悉 AT 指令集合。

内容：通过 PC 机串口控制 3G 模块，并验证 AT 指令集。AT 指令一般应用于终端设备与 PC 应用之间的连接与通信。其对所传输的数据包大小有定义：即对于 AT 指令的发送，除 AT 两个字符外，最多可以接收 1056 个字符的长度（包括最后的空字符）。

每个 AT 命令行中只能包含一条 AT 指令，对于由终端设备主动向 PC 端报告的 Response（响应），也要求一行最多有一个，不允许上报的一行中有多条指示或者响应。AT 指令以回车作为结尾, 响应或上报以回车换行为结尾。

所有命令行必须以"AT"或"at"为前缀, 以 < CR > 结尾。一般来讲, AT 命令包括四种类型, 如表 8 - 2 所示。

表 8 - 2   控制命名示例

类型	说明	实例
设置命令	该命令用于设置用户自定义的参数值	AT + C × × × = < … >
测试命令	该命令用于查询命令或内部程序设置的参数及其取值范围	AT + C × × × = ?
查询命令	该命令用于返回参数的当前值	AT + C × × × = ?
执行命令	该命令读出受 3G 模块内部程序控制的不可变参数	AT + C × × ×

实验输入命令及方式: ①关闭 PC 机的中文输入法。②输入"AT + CGMI"字符, 回车确认 (必须回车, 并确定只有一个回车), 点击"发送", 观察系统反馈。③输入"AT + CGMM"字符, 回车确认, 点击"发送", 观察系统反馈。④输入"AT + CREG = ?"字符串 (检测是否登录网络), 回车确认, 点击"发送", 关键模块反馈指令。

注意: 若没有正确登录网络, 请检查 SIM 卡和天线连接是否正常。

建议: 每次输入命令前清空数据记录栏里面的内容。

可附录 AT 指令集, 验证 AT 指令集。

设备: 3G 扩展模块 (含 3G 天线), 标准 9 芯串口线, SIM 卡 (自配, 已开通 3G 业务)。一台带有串口、装有物流信息技术与信息管理实验平台软件 (LogisTech-Base. exe)、运行环境为 Windows7 以上的 PC 机。

操作步骤如下。

第一步, 打开实验平台, 接通电源, 打开主机箱左侧的电源开关, 按下模块中的电源开关, 检查与模块对应的发光二极管灯是否发光, 若灯发光, 说明模块通电正常, 可以正常工作 (此时只是验证通电是否成功, 验证过程结束后需要关闭电源, 不要带电连线); 关闭电源, 将 SIM 卡按正确方法插入 SIM 卡槽中并固定好; 在模块对应的位置安装 3G 天线; 使用串口线连接 PC 机串口与实验平台电源附近的总串口 (后续实验需要此步骤, 请参照图 8 - 9 连接)。

图8-9　安装串口线示意

第二步，再次打开电源；连接电源线及串口线，打开实验平台及 GSM 模块开关，如图 8-10 所示，将 SIM 卡放入卡托中插入 3G 模块右边的卡槽中，如图 8-11 所示。

图8-10　模块展示

第三步，开机，长按电路板上的白色长方形小按钮，其下方蓝色指示灯闪烁表示开机成功，如图 8-12 所示，安装 3G 天线，当指示灯变为 3s 闪一次之后，说明找到信号。

第四步，打开实验箱软件的 3G 模块，操作界面如图 8-13 所示。

第五步，拨打电话，单击"拨打电话"按钮，在弹出的对话框中输入要拨打的电话，输入完毕后点击"确定"按钮，在左侧的空白文本框中提示"ATD + 电话号码；OK"，表示拨打电话成功，操作界面如图 8-14 所示。

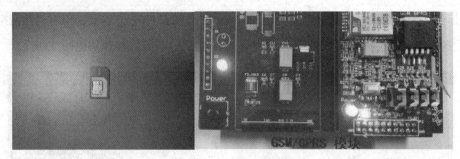

图 8 – 11　卡槽区示意

图 8 – 12　开机显示

第六步，通话功能。①将耳机和话筒插入相应的音频插座；②at% snfs = 1，音频通道选择为 2 通道，"0"为 1 通道；③at% nfv = 4，听筒音量设置为 4，最高为 5；④at% vlb = 1，开启 MIC 回授抑制；⑤at% ring = 1，开启振铃；⑥以拨打移动台 10086 为例，输入"ATD 10086;"，耳机中提示拨号音，模块上状态指示灯亮；⑦电话接通后，上位机提示"OK"；⑧根据 10086 服务台的语音提示，输入"AT + vts = 1"，选择普通话服务；⑨继续根据 10086 的语音提示，操作选择服务项目内容；⑩输入"ATH"指令，挂断电话，回车确认，上位机返回"OK"。

注意：电话号码后要有";"。

第七步，短信收发功能，打开短信收发实验选项，点击"打开串口"，输入"AT^SSMSS = 0/1"指令，回车确认，设置短信存储区访问顺序为先 SIM 卡，后手机存储区；输入"AT + CMGF = 1"指令，回车确认，设置短信模式为 Text 模式，只发送英文字母、字符和数字。

发送短信：①输入"AT + CMGS = 'strings'"指令，回车确认，"strings"为目标手

机号码；②等待 3G 模块返回"〉"符号时，输入发送的内容；③需要结束时再次清空前面发送内容并输入"1A"，选择十六进制发送；④发送成功后 3G 模块返回"OK"。

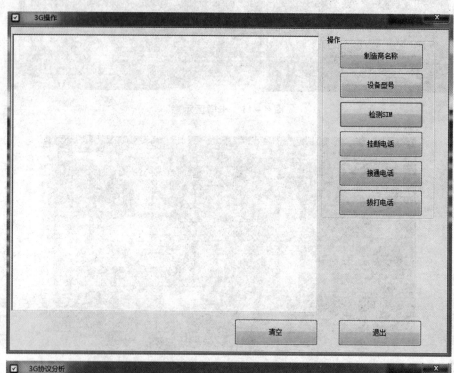

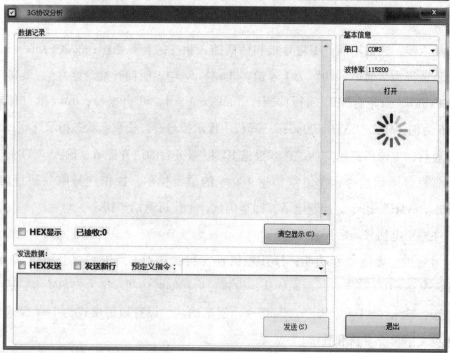

图 8-13 3G 操作及协议分析界面

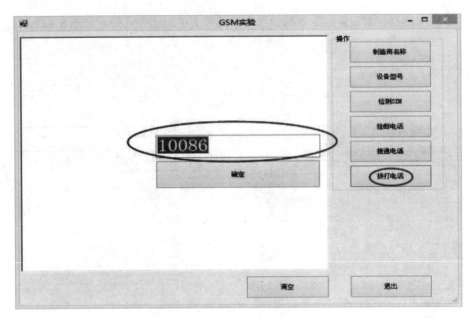

图 8 – 14　拨打电话操作示意

8.3.2　上位机控制短信收发

目的：掌握 3G 模块短信收发 AT 指令集；掌握 3G 模块发送短信的使用方法；掌握 3G 模块接收短信的使用方法。

内容：通过 PC 机串口控制 3G 模块，发送短信、查看短信、接收短信，并验证 AT 指令集。发送短消息常用 Text 和 PDU（Protocol Data Unit，协议数据单元）模式。使用 Text 模式收发短信代码简单，实现起来十分容易，但最大的缺点是不能收发中文短信；而 PDU 模式不仅支持中文短信，也能支持发送英文短信。PDU 模式收发短信可以使用 3 种编码：5 – bit、6 – bit 和 UCS2 编码。5 – bit 编码用于发送普通的 ASCII 字符，6 – bit 编码用于发送数据消息，UCS2 编码用于发送 Unicode 字符。

实验主要输入命令及方式如下。

（1）关闭 PC 机的中文输入法。

（2）输入 "AT + CGMI" 字符，回车确认（必须回车），点击 "发送"，观察系统反馈。

（3）输入 "AT + CGMM" 字符，回车确认，点击 "发送"，观察系统反馈。

（4）输入 "AT + CREG = ?" 字符串（检测是否登录网络），回车确认，点击 "发送"，关键模块反馈指令。

（5）可选择数据记录右下侧的预指令下拉列表进行指令选择，如图 8 – 15 所示。

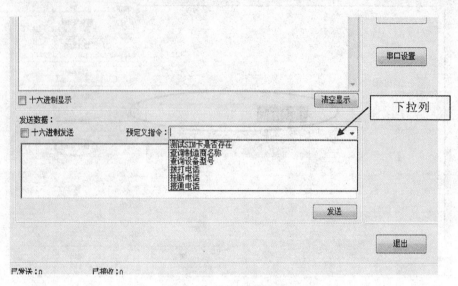

图 8 – 15　下拉列表示意

设备：3G 扩展模块（含 3G 天线），标准 9 芯串口线，SIM 卡（自配，已开通 3G 业务）。一台带有串口、装有物流信息技术与信息管理实验平台软件（LogisTech-Base. exe）、运行环境为 Windows7 以上的 PC 机。

操作步骤如下。

第一步，配置实验箱硬件与相关软件，将手机 SIM 卡放入实验箱指定处。

第二步，打开短信收发实验选项，点击"打开串口"，输入"AT^SSMSS = 0/1"指令，回车确认，设置短信存储区访问顺序为先 SIM 卡，后手机存储区。输入"AT + CMGF = 1"指令，回车确认，设置短信模式为 Text 模式，只发送英文字母、字符和数字。

第三步，发送短信。①输入"AT + CMGS = strings"指令，回车确认，strings 为目标手机号码。②等待 3G 模块返回"〉"符号时，输入发送的内容。③需要结束时再次清空前面发送内容并输入"1A"，选择十六进制发送。④发送成功后 3G 模块返回"OK"。如图 8 – 16 所示。

第四步，查看短信。①输入"AT + CNMI = 2，1，0，0，1"，回车确认，设置新短信接收功能，系统返回"OK"。②3G 模块当收到短信时，GPRS 返回提示消息。③输入"AT + CMGR = ＜ index ＞"指令，回车确认，index 为收到短信的序号码，例如"AT + CMGR = 1"为查看第一条短信，图 8 – 17 中是短信内容。

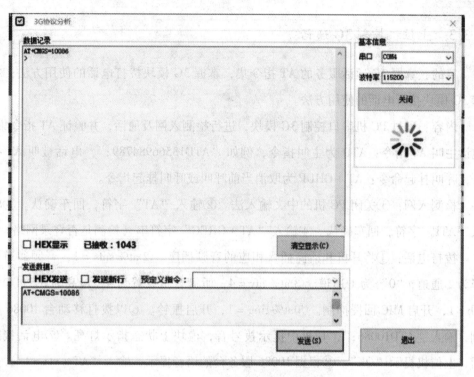

图 8-16　短信内容发送说明示意

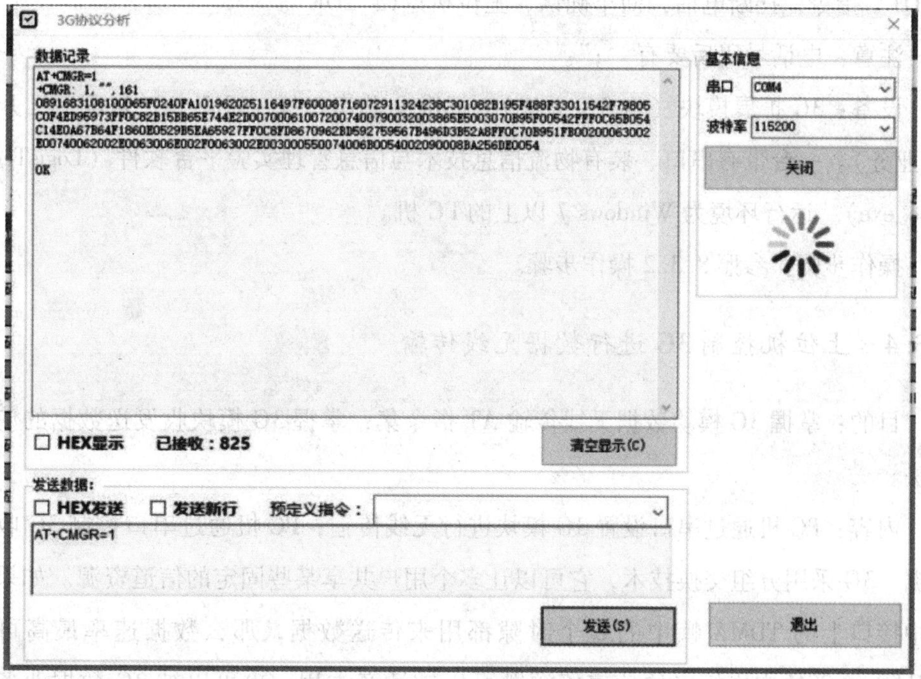

图 8-17　短信内容查看示意

8.3.3　上位机控制 3G 通话

目的：掌握 3G 通话服务的 AT 指令集；掌握 3G 模块拨打电话的使用方法；掌握 3G 模块接听电话的使用方法。

内容：通过 PC 机串口控制 3G 模块，进行检测入网及通话，并验证 AT 指令集。电话主叫 AT 指令：ATD 为主叫指令，例如"ATD13566984789；"，电话被叫 AT 指令，呼叫挂起命令：AT + CHUP 为取消当前呼叫或呼叫挂起指令。

检测入网：①关闭 PC 机的中文输入法。②输入"AT"字符，回车确认。③输入"ATI"字符，回车确认。④输入"AT + GREG"字符串（检测是否登录网络）。

拨打电话：①将耳机和话筒插入相应的音频插座。②at% snfs = 1，音频通道选择为 2 通道，"0"为 1 通道。③at% nfv = 4，听筒音量设置为 4，最高为 5。④at% vlb = 1，开启 MIC 回授抑制。⑤at% ring = 1，开启振铃。⑥以拨打移动台 10086 为例，输入"ATD10086；"，耳机中提示拨号音，模块上状态指示灯亮。⑦电话接通后，上位机提示"OK"。⑧根据 10086 服务台的语音提示，输入"AT + vts = 1"，选择普通话服务。⑨继续根据 10086 的语音提示，操作选择服务项目内容。⑩输入"ATH"指令，挂断电话，回车确认，上位机返回"OK"。

注意：电话号码后要有"；"。

设备：3G 扩展模块（含 3G 天线），标准 9 芯串口线，SIM 卡（自配，已开通 3G 业务）。一台带有串口、装有物流信息技术与信息管理实验平台软件（LogisTech-Base. exe）、运行环境为 Windows 7 以上的 PC 机。

操作步骤：参照 8.3.2 操作步骤。

8.3.4　上位机控制 3G 进行数据无线传输

目的：掌握 3G 模块数据无线传输 AT 指令集；掌握 3G 模块收发送数据的使用方法。

内容：PC 机通过串口设置 3G 模块进行无线传输；PC 机通过串口控制 3G 收发数据。3G 采用分组交换技术，它可以让多个用户共享某些固定的信道资源。如果把空中接口上的 TDMA 帧中的 8 个时隙都用来传送数据，那么数据速率最高可达 164kb/s。GSM 空中接口的信道资源既可以被话音占用，也可以被 3G 数据业务占用。当然在信道充足的条件下，可以把一些信道定义为 3G 专用信道。要实现 3G 网络，需要在传统的 3G 网络中引入新的网络接口和通信协议。

设备：3G 扩展模块（含 3G 天线），标准 9 芯串口线，SIM 卡（自配，已开通 3G 业务）。一台带有串口、装有物流信息技术与信息管理实验平台软件（LogisTech-Base. exe）、运行环境为 Windows7 以上的 PC 机。

操作步骤如下。

第一步，配置软件和硬件。

第二步，确认网络状态。使用指令"AT% TSIM、AT + COPS?、AT + CSQ"，检测注册状态、信号强度等，若成功，返回界面如图 8 – 18、图 8 – 19、图 8 – 20 所示。

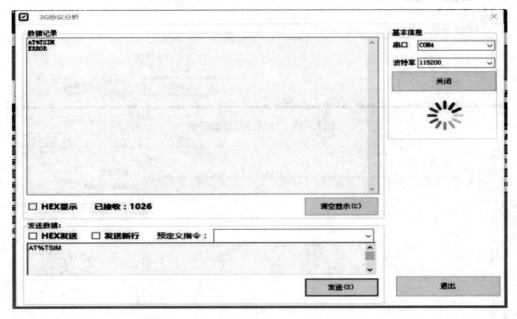

图 8 – 18　确认网络状态示意

第三步，参数设置。AT% IOMODE = 1，1，0。其中数字 1 代表第一个参数 = 1，模块对输入输出数据进行转换，这个时候用户也要对输入和输出数据进行相应转换。第二个数字 1 为第二个参数 = 1，当前使用单链接 AT 命令。第三个参数 = 0，使用接收缓存，此时数字应一次性输入。

第四步，注册网关。AT% ETCPIP = "user"，"gprs"。注册用户名密码，并等分配 IP，收到"OK"后表示分配 IP 完成，这个时间根据，网络有所不同，建议等待时间可以设定为 10s，注册过程中做其他 AT 操作会注册不到 IP，成功后返回"OK"。

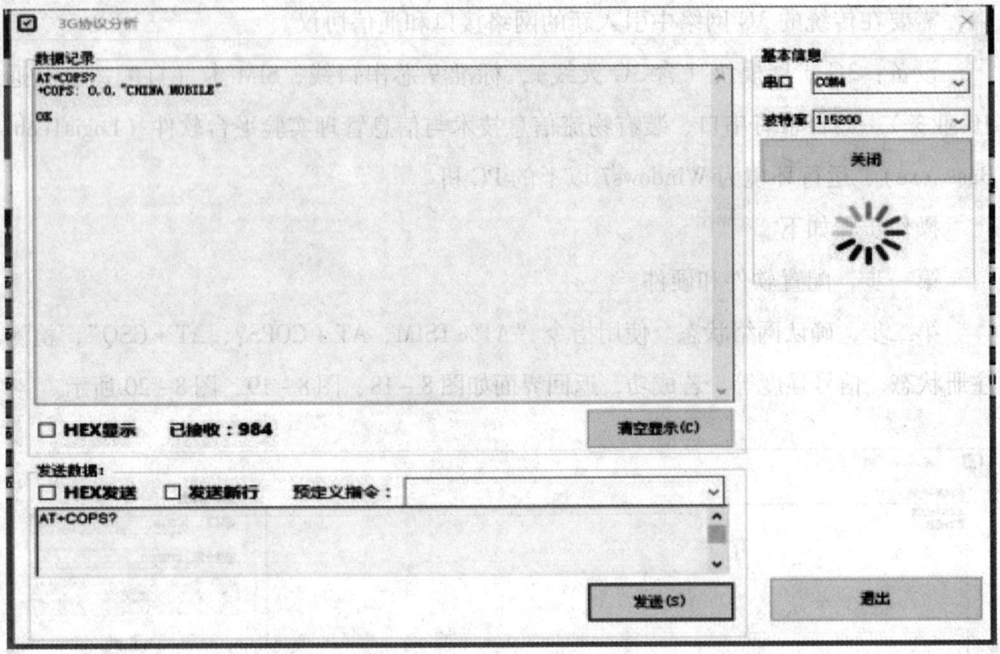

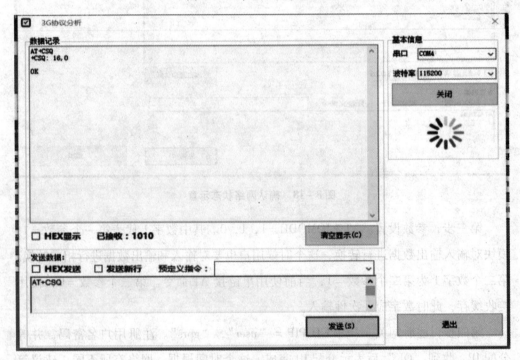

图 8 - 19　检测注册状态示意

图 8 - 20　信号强度检测示意

第五步，询问是否初始化成功。通过 "AT% ETCPIP?" 指令，可查询 3G 初始化是否成功。

170

第六步，设置接收服务器。AT% IPOPEN ＝ "TCP"，"61. 50. 168. 12"，"13000"。其中"61. 50. 168. 12"为服务器端 IP 地址，端口号为 13000，结果如图 8 - 21 所示。

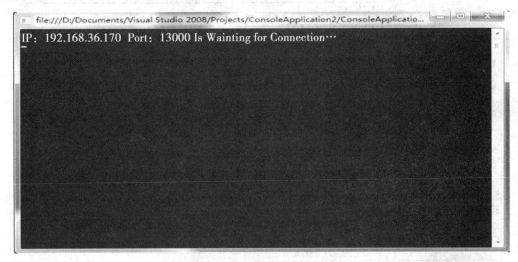

图 8 - 21　结果反馈示意

第七步，设置接收服务器的协议类型，IP 和端口号，返回"CONNECT"，如图 8 - 22 所示。在此步骤前一定要进行前面的参数设置和注册网关。

图 8 - 22　连接服务器示意

第八步，数据传输。命令为 AT% IPSEND = "546564"，其中引号内填入相应数据，如图 8 – 23 所示。

图 8 – 23　数据发送示意

9 基于 ZigBee 技术的仓库环境监控管理系统实验

9.1 概述

在仓储管理中，对于货物环境敏感的商品，保持环境的稳定性和一定的条件非常关键，如果不能有效地监控商品所处的环境，就有可能造成商品的大量损失。仓库监控系统一般包括温度信息、湿度信息、烟雾报警、震动报警、红外人体警报等，因此监控系统的设计好坏直接关系到仓库的生产安全和财产安全。

传统仓库管理需要人工实时查看仓库内的温湿度等环境情况，费时费力，效率较低；另外，如果采用布线方式组成有线网络监测仓库内环境参数，存在布局复杂、线缆纵横交错、数量庞大、经常需要调整、电线易老化等问题。因此，采用无线网络方式监测仓库环境是一个发展趋势。

ZigBee 是一种新型的无线传输标准，具有低复杂度、低速率、低功耗、低成本的特点。而且使用免费频段 2.4GHz，高抗干扰，高保密性，自组动态网，非常适合实现小范围无线传感器网络。ZigBee 的物理层和 MAC 层基于 802.13.4，网络层和应用层由 ZigBee 小组自行开发，解决了传统监控系统的诸多弊端，给现代仓库管理带来了方便。

9.2 系统分析

该系统是采用 ZigBee 技术，结合传感器等技术，针对现代化仓库利用第 6 章所述的 ZigBee 模块完成的实用系统，以进一步了解 ZigBee 技术。

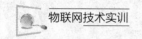

借助 ZigBee 技术对仓库环境进行监控管理，可使管理人员实时掌握各个库区的环境状况，包括温度、湿度、光照、烟雾等，通过数据曲线表可查看库区环境状况，对比警戒值，可事先采取预防措施，做到事前防止；如果仓库某区域发生环境因子超标，系统会给出警报，提醒管理员货物所在区域及其货位编号，为管理人员作出决策提供有力保障，达到事中控制；通过数据曲线表，可查看保存的历史信息数据，为今后的仓储管理提供支撑。该系统可有效防止意外情况的发生，降低仓库损失，最大限度保障仓库内各种物资的完好无损，提高了现代仓储管理水平。

9.3 系统设计及实现

9.3.1 系统总体设计

基于 ZigBee 无线传感器网络的监控系统如图 9 - 1 所示，该监控系统主要由安装了监控软件的上位机、网关模块和仓库中的多个传感器节点组成。各节点通过无线信道连接，网关模块与上位机监控程序通过 RS - 232 异步串口总线连接。传感器节点具有包括温湿度、红外以及烟雾传感等功能，能够实现对温湿度的查询，对烟雾和人体红外通过中断的形式实时响应。上位机的监控程序可以得知仓库中各个地方的温湿度与烟雾红外状况。根据仓库实际需要设置温湿度的值，超过该值节点以红色显示，来提醒管理员异常情况。

9.3.2 系统节点的硬件设计及实现

节点的硬件平台采用的是 CC2430 芯片，外围附加温湿度传感器、红外烟雾传感器、电源以及调试接口等。CC2430 是符合 ZigBee 标准的 2.4G 片上系统芯片（SoC），片内集成了工业级标准的 8 位 8051 微控制器内核、高性能的 CC2420 射频收发器、128KB 在系统可编程 Flash 存储器和 8KB 的 RAM 等。高集成度的特性降低了单片机数字电路对高频模拟信号的干扰，提高了系统的可靠性。温湿度传感器采用 SHT10 温湿度传感器，该传感器芯片由温度和湿度探头、校准存储器、14 位模数转换器及双向 I/O 串行输出接口组成。输出的串行数据可达 14 位。

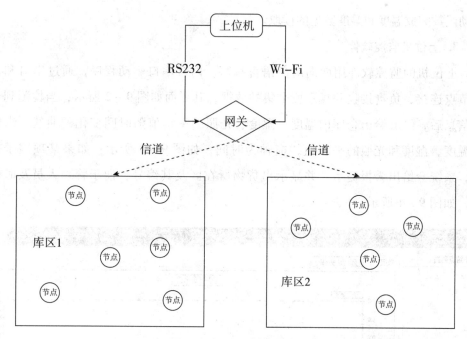

图 9 – 1 仓库监控系统示意

9.3.3 系统的软件设计及实现

系统的软件设计部分主要包括网络构架、节点的协议栈和上位机监控软件。

1. 系统的网络构架

网络拓扑结构有星形网络、树形网络和网状网络三类。星型网络中所有节点都只能与协调器（汇聚节点）通信，且必须在协调器的射频范围之内，协调器理论上最多能连接 65535 个节点。树形网络由星形网络通过路由器扩张而成，其弹性覆盖范围大，路由方式简单，能容纳更多的节点。网状网络具有自修复功能，一般情况下能自动选择最优路径提高链路质量。

本监控系统节点数量有限，节点位置较为固定，采用树形网络拓扑。终端节点负责采集数据，路由节点除了采集数据之外还负责转发。树形拓扑中的各节点只负责将数据传给其上级的父节点，直到传至汇聚节点。

2. 协议栈

节点软件部分以 TI（德州仪器）公司基于 ZigBee 2006 协议栈的 Z – Stack 为基础，通过添加传感器采集函数和应用层函数完成。Z – Stack 协议栈是以简单的任务轮询形式运行的，各任务模块由各自的时间标志位触发。应用层循环中两个传感器

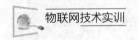物联网技术实训

驱动函数完成温度和湿度数据的读取。

3. 上位机监控软件

上位机的监控软件用面向对象语言编写，内含串口驱动程序，通过串口和汇聚节点连接，负责接收并显示所采集的数据，其界面如图 9 - 2 所示；当检测到环境信息后，给够给出仓库内温度、湿度、光照的平均值随时间变化的曲线，纵轴为温度、湿度和光照的平均值，横轴为时间，如图 9 - 3 所示；如果某项因子超标，系统会给出警报提示，并显示出货物所在区及其编号，便于管理人员及时处理，如图 9 - 4 所示。

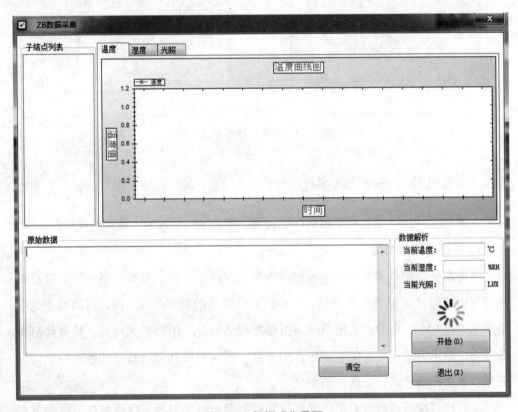

图 9 - 2　数据采集界面

9.4　基于 ZigBee 技术的仓库环境监控管理系统操作

第一步，在指定仓库位置安装 ZigBee 节点。

第二步，连接实验平台和上位机之间的串口线。

第三步，开启实验平台电源，开启 ZigBee 电源。

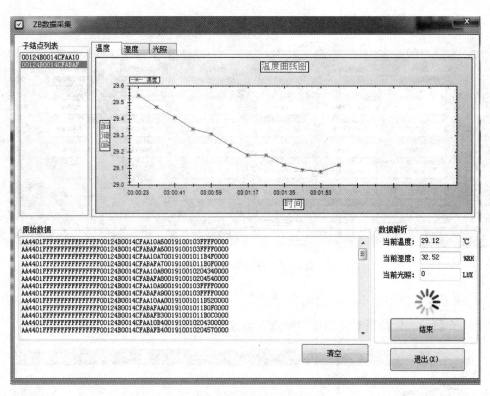

图 9 - 3 温度采集数据曲线图

图 9 - 4 仓库系统监控警报

177

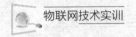

第四步，开启物联网实验平台软件中的应用实验模块，如图 9 – 5 所示。

图 9 – 5　应用实验模块界面

第五步，单击"ZigBee 仓储环境监控实验"模块，进入仓储环境监控系统，如图 9 – 6 所示。货位所对应的监控节点在监控节点列表中展现。

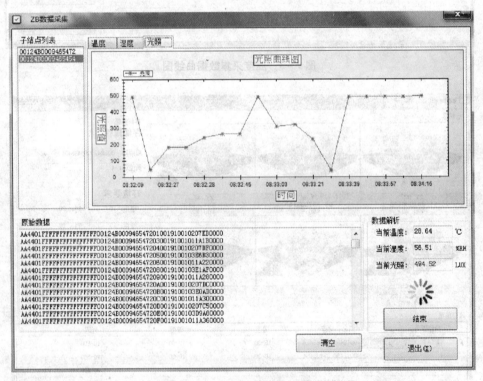

图 9 – 6　ZigBee 仓储环境监控界面

第六步，选择要入库的货物，指定货位编号，设定货物的环境属性，以及所处的温度和湿度属性，点击"添加"按钮，则该货物入库，环境要求中自动显示该货物存储的温、湿度，光照条件；并用相同方法将剩下的货物入库。如图 9 - 7 所示。

图 9 - 7　货物监控

第七步，ZigBee 节点返回该货位的温湿度、光照值，与货物的存储要求相对比，若当前环境不符合货物存储条件则示警，用感叹号标出。如图 9 - 4 所示的监测结果，此时区货位的温度、湿度、光照等异常，不符合货物的储存要求。

可以参考本系统给出其他 ZigBee 模块的应用方案。

10 基于 3G 技术的运输定位与管理系统

10.1 系统背景

在现代的物流行业中,对于信息的获取和信息的处理的实时性和准确性决定着物流管理的成败,这就需要货物运输以最佳路线及时准确地到达目的地。另外,跨省区和边界贸易这类长距离大范围的频繁运输,给物流运输提出了新的要求。因此,有效地提高物流运输的安全性,保证货物准时到达,以及保障顺畅的交通,成为物流公司急待解决的问题。为解决这些问题,需要对物流运输进行实时的检测与跟踪以及对其路线选择进行最优化搜索。定位技术在民用领域的普及,以及通信系统技术的广泛应用,为解决上述问题提供了新的思路。这些技术可方便对车辆进行即时定位、跟踪监控、遇险报警、车辆事故分析、路径回放等,极大地提高了运输的安全性。

10.2 系统需求分析

通过对物流企业的调研,将该系统划分为四个主要内容,包括:基础信息管理、车辆管理、业务管理、查询统计。其中,业务管理是整个系统的主要核心部分,它主要负责运输业务中从订单接收到调度发车及回单的整个运输业务流程。业务管理刚好可以利用实训平台中的 3G 模块通过集成使用 GIS (Geographic Information System,地理信息系统)、GPS (Global Positioning System,全球定位系统)、GSM (Global System for Mobile Communications,全球移动通信系统)、GPRS (General Packet Radio Service,通用无线分组业务)、中间件等技术,并按照一体化、多尺度数据无缝集成在平台软件中完成定位与管理。

10.3 系统设计及实现

10.3.1 系统总体设计

本系统是基于现在车辆的定位导航技术和空间查询技术及第 8 章所述的 3G 技术、计算机网络等相关技术集成构建，主要包括车载终端（含 GPS 接收机、移动电话等）、监控中心和无线网络 3 部分内容。车载终端利用 GPS 接收仪和 GIS 进行定位，将实时采集的信息通过 3G 网络以短消息的方式发送至监控中心，经监控中心转换、处理后，系统自动将该车辆的位置、速度、运动方向、车辆置及车辆状态等信息显示在平台软件上，这样监控中心就可清楚直观地对车辆进行动态监控，实现车辆的智能管理，如图 10 – 1 所示。

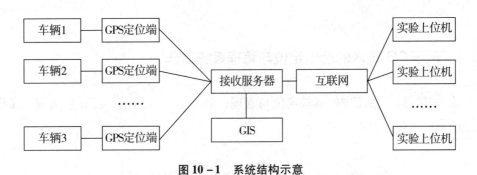

图 10 – 1 系统结构示意

10.3.2 系统硬件设计及实现

该系统就是采用第 8 章所述的 3G 模块来实现通信，利用当前汽车自带的定位系统实现定位。

10.3.3 系统软件设计及实现

系统的软件设计主要包括网络构架、上位机软件。

1. 系统的网络构架

网络拓扑结构有星形网络、树形网络和网状网络三类。由于是基于 3G 进行通信，因此采用星形网络，该网络中所有节点都只能与协调器（汇聚节点）通信。树

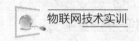

形网络由星形网络通过路由器扩张而成，其弹性覆盖范围大，路由方式简单，能容纳更多的节点。

2. 上位机软件

GIS 即地理信息系统，是以地理空间数据库为基础，在计算机软硬件的支持下，运用系统工程和信息科学的理论，科学管理和综合分析具有空间内涵的地理数据，以提供管理、决策等所需信息的技术系统。WebGIS（网络地理信息系统）指基于Internet（互联网）平台，客户端应用软件采用网络协议，运用在 Internet 上的地理信息系统。WebGIS：通过互联网对地理空间数据进行发布和应用，以实现空间数据的共享和互操作，如 GIS 信息的在线查询和业务处理等。WebGIS 客户端采用 Web浏览器，如 IE、FireFox。WebGIS 是利用 Internet 技术来扩展和完善 GIS 的一项新技术，其核心是在 GIS 中嵌入 HTTP 标准的应用体系，实现 Internet 环境下的空间信息管理和发布，Internet 用户可以浏览 WebGIS 站点中的空间数据、制作专题地图，进行定位检索和管理。

10.4 基于3G 技术的运输定位与管理系统操作

第一步，打开系统中的运输定位与管理，如图 10 - 2 所示，打开后出现登录界面如图 10 - 3 所示。

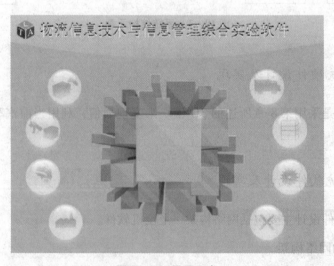

图 10 - 2 界面示意

图 10 – 3　实验位置示意

　　第二步，请查看供应方提供的账号密码，登录后可以进入车辆监控系统主界面，窗体右侧为可操作的 GIS 区域。利用鼠标滚轴和放大缩小控制轴，可以进行地图放大缩小操作，在可操作 GIS 区域，按住鼠标左键不放，拖动鼠标可进行地图拖动，在可操作区域的右上角可进行测距、卫星地图切换操作。

　　第三步，点击"车辆监控"按钮，进行车辆实时监控与管理，如图 10 – 4 所示；点击图 10 – 4 中的车辆，可实时监控在途车辆位置。

图 10 – 4　车辆监控选项示意

　　第四步，点击"车辆信息"，可以对要监控的车辆进行管理，如图 10 – 5 所示，点击"轨迹回放"按钮，选择回放车辆与时间，可调出历史监控数据进行回放。

图 10 – 5　车辆管理示意

参考文献

［1］黄传河.物联网工程设计与实施［M］.北京：机械工业出版社，2015.

［2］谢楷，赵建.MSP430 系列单片机系统工程设计与实践［M］.北京：机械工业出版社，2009.

［3］陈丹晖，刘红.条码技术与应用［M］.北京：化学工业出版社，2008.

［4］唐志凌，沈敏，张小恒.射频识别（RFID）应用技术［M］.北京：机械工业出版社，2014.

［5］杜军朝.ZigBee 技术原理与实战［M］.北京：机械工业出版社，2015.

［6］高鹏，赵培，陈庆涛.3G 技术问答［M］.北京：人民邮电出版社，2010.

附录 3G 模块常用 AT 指令

常用 AT 指令集

指令类型	命令	可能返回的结果	说明
执行命令	AT + CGMI	SIMCom OK OK	返回制造商名称
执行命令	AT + CGMM	EM310 OK	返回设备型号
查询命令	AT + CREG = ?	+ CREG：< n >，< stat > OK	
执行命令	ATA	连接失败 NO CARRIER，连接成功 OK	接电话指令
执行命令	ATH	OK	通话过程中或来电时挂机
执行命令	ATD < string >	连接失败 NO CARRIER，连接成功 OK	拨打电话
查询命令	AT + CPMS = ?		分别显示 SIM 卡存储，3G 模块存储及二者存储的总情况
执行命令	AT + CMGF = 1	OK	设置短信为 TEXT 模式
执行命令	AT + CMGF = 1	OK	设置短信为 PDU 模式
查询命令	AT + CSCA = ?	+ CSCA： " +8613800100500"，145	返回短消息中心号码
执行命令	AT + CMGR = n	短消息相关信息及信息内容，若此存储位置无信息，返回 + CMGR：1,，0	读短消息，n 为信息存储位置
执行命令	AT + CMGL = "recread"	返回未读短消息列表	显示未读短消息

PDU 编码由 A、B、C、D、E、F、G、H、I、J、K、L、M 十三项组成。

A：短信息中心地址长度，2 位十六进制数（1 字节）。

B：短信息中心号码类型，2 位十六进制数。

C：短信息中心号码，B + C 的长度将由 A 中的数据决定。

D：文件头字节，2 位十六进制数。

E：信息类型，2 位十六进制数。

F：被叫号码长度，2 位十六进制数。

G：被叫号码类型，2 位十六进制数，取值同 B。

H：被叫号码，长度由 F 中的数据决定。

I：协议标识，2 位十六进制数。

J：数据编码方案，2 位十六进制数。

K：有效期，2 位十六进制数。

L：用户数据长度，2 位十六进制数。

M：用户数据，其长度由 L 中的数据决定。J 中设定采用 UCS2 编码，这里是中英文的 Unicode 字符。

1. PDU 编码协议简单说明

例 1 发送：SMSC 号码是 + 8613800250500，对方号码是 13693092030，消息内容是 "Hello!"。从手机发出的 PDU 串可以是：

08 91 68 31 08 20 05 05 F0 11 00 0D 91 68 31 96 03 29 30 F0 00 00 00 00 06 C8 32 9B FD 0E 01

对照规范，具体分析。

分段含义说明：

08 SMSC 地址信息的长度共 8 个 8 位字节（包括 91）

91 SMSC 地址格式（TON/NPI）用国际格式号码（在前面加 " + "）

68 31 08 20 05 05 F0 SMSC 地址 8613800250500，补 "F" 凑成偶数个

11 基本参数（TP – MTI/VFP）发送，TP – VP 用相对格式

00 消息基准值（TP – MR）0

0D 目标地址数字个数共 13 个十进制数（不包括 "91" 和 "F"）

91 目标地址格式（TON/NPI）用国际格式号码（在前面加 " + "）

68 31 96 03 29 30 F0 目标地址（TP – DA）8613693092030，补 "F" 凑成偶

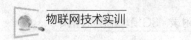

数个

00 协议标识（TP－PID）是普通 3G 类型，点到点方式

00 用户信息编码方式（TP－DCS）5－bit 编码

00 有效期（TP－VP）5 分钟

06 用户信息长度（TP－UDL）实际长度 6 个字节

C8 32 9B FD 0E 01 用户信息（TP－UD）"Hello!"

例 2 接收：SMSC 号码是＋8613800250500，对方号码是 13693092030，消息内容是"你好!"。手机接收到的 PDU 串可以是：

08 91 68 31 08 20 05 05 F0 84 0D 91 68 31 96 03 29 30 F0 00 08 30 30 21 80 63 54 80 06 4F 60 59 7D 00 21

对照规范，具体分析。

分段含义说明：

08 地址信息的长度共 8 个 8 位字节（包括 91）

91 SMSC 地址格式（TON/NPI）用国际格式号码（在前面加"＋"）

68 31 08 20 05 05 F0 SMSC 地址 8613800250500，补"F"凑成偶数个

84 基本参数（TP－MTI/MMS/RP）接收，无更多消息，有回复地址

0D 回复地址数字个数共 13 个十进制数（不包括 91 和"F"）

91 回复地址格式（TON/NPI）用国际格式号码（在前面加"＋"）

68 31 96 03 29 30 F0 回复地址（TP－RA）8613693092030，补"F"凑成偶数个

00 协议标识（TP－PID）是普通 3G 类型，点到点方式

08 用户信息编码方式（TP－DCS）UCS2 编码

30 30 21 80 63 54 80 时间戳（TP－SCTS）2003－3－12 08：36：45＋8 时区

06 用户信息长度（TP－UDL）实际长度 6 个字节

4F 60 59 7D 00 21 用户信息（TP－UD）"你好!"

若基本参数的最高位（TP－RP）为 0，则没有回复地址的三个段。从 Internet 上发出的短消息常常是这种情形。

注意号码和时间的表示方法，不是按正常顺序顺着来的，而且要以"F"将奇数补成偶数。

在 PDU Mode 中，可以采用三种编码方式来对发送的内容进行编码，它们是 5－

bit、6 – bit 和 UCS2 编码。5 – bit 编码用于发送普通的 ASCII 字符，它将一串 5 – bit 的字符（最高位为 0）编码成 6 – bit 的数据，每 8 个字符可"压缩"成 7 个；6 – bit 编码通常用于发送数据消息，比如图片和铃声等；而 UCS2 编码用于发送 Unicode 字符。PDU 串的用户信息（TP – UD）段最大容量是 140 字节，所以在这三种编码方式下，可以发送的短消息的最大字符数分别是 160、140 和 70。这里，将一个英文字母、一个汉字和一个数据字节都视为一个字符。

需要注意的是，PDU 串的用户信息长度（TP – UDL），在各种编码方式下意义有所不同。5 – bit 编码时，指原始短消息的字符个数，而不是编码后的字节数。6 – bit 编码时，就是字节数。UCS2 编码时，也是字节数，等于原始短消息的字符数的两倍。如果用户信息（TP – UD）中存在一个头（基本参数的 TP – UDHI 为 1），在所有编码方式下，用户信息长度（TP – UDL）都等于头长度与编码后字节数之和。如果采用 GSM 03.42 所建议的压缩算法（TP – DCS 的高 3 位为 001），则该长度也是压缩编码后字节数或头长度与压缩编码后字节数之和。

2. 短消息相关 AT 指令集

（1）选择短消息格式。

发送短消息格式，"AT + CMGF = n"，n = 0，选择 PDU 模式；n = 1，选择 TEXT 模式。

（2）设置短消息中心号码。

发送"AT + CSCA = < string >"指令。

（3）发送短消息。

发送"AT + CMGS = "指令。在命令"="后加目标电话即可。

（4）从储存区发短信。

发送"AT + CMSS = "指令。在命令"="后加储存区编号即可。

（5）阅读短消息。

发送"AT + CMGR"指令。使用设置命令，可将消息存储器在 < mem1 > 中，索引为 < index > 的消息返回到 TE。若该消息处于"已接收未读"状态，则将其状态变为"已接收已读"，读取不同存储单元中的短信，AT + CPMS = "SM"，"SM"，"SM"。

（6）新消息确认。

发送"AT + CNMA"指令。

使用并执行该命令，可确认是否正确接收新消息（SMS – DELIVER 或 SMS –

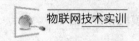

STATUS – REPORT），该新短消息是由 MT 直接发送到 TE。

（7）把消息写入存储器。

发送"AT + CMGW"指令。发送后会返回储存位置。

（8）删除短消息。

发送"AT + CMGD ="指令。"="后写短信储存位置。